大数据技术丛书

BIG DATA
TECHNOLOGY SERIES

深入浅出
Greenplum
分布式数据库

原理、架构和代码分析

王凤刚 ◎ 著

人民邮电出版社

北京

图书在版编目（CIP）数据

深入浅出Greenplum分布式数据库 : 原理、架构和代码分析 / 王凤刚著. -- 北京 : 人民邮电出版社, 2024.11

（大数据技术丛书）

ISBN 978-7-115-60505-4

Ⅰ. ①深… Ⅱ. ①王… Ⅲ. ①关系数据库系统 Ⅳ. ①TP311.132.3

中国版本图书馆CIP数据核字(2022)第227026号

内 容 提 要

在云计算和互联网快速发展的驱动下，分布式技术领域产生了很多新的热点，分布式数据库就是其中之一。但是，目前对分布式数据库的理解和研究多停留在理论层面，本书以 Greenplum 分布式数据库为例，深入剖析分布式技术在工业级产品里的实现细节，为读者呈现从理论到实践的"全景图"。

本书共 3 篇：第 1 篇主要介绍分布式数据库基础理论，包括经典的 CAP 理论、一致性算法相关的理论、并发控制相关的理论等；第 2 篇具体介绍 Greenplum 数据库，从分布式事务、分布式计算和分布式存储 3 个方面，深入代码层级，讲述分布式理论在工业上的实现；第 3 篇是总结和展望，介绍云原生数据库和新技术带给 Greenplum 和数据库管理系统的机遇和挑战。

本书打破以理论介绍和架构介绍为主的思路，深入分析工业化的实现，实践性强。本书主要面向数据库领域的科研工作者和学者，也可作为高校计算机类专业的分布式数据库相关课程的参考资料。

◆ 著　　　王凤刚
　　责任编辑　郭　媛
　　责任印制　王　郁　焦志炜

◆ 人民邮电出版社出版发行　北京市丰台区成寿寺路 11 号
　　邮编 100164　电子邮件 315@ptpress.com.cn
　　网址 https://www.ptpress.com.cn
　　三河市君旺印务有限公司印刷

◆ 开本：800×1000　1/16

印张：11　　　　　　　2024 年 11 月第 1 版

字数：227 千字　　　　2024 年 11 月河北第 1 次印刷

定价：49.80 元

读者服务热线：(010)81055410　印装质量热线：(010)81055316
反盗版热线：(010)81055315
广告经营许可证：京东市监广登字 20170147 号

推 荐 语

随着数字化转型的深入，企业和机构已经开始从应用驱动的视角切换到数据驱动的视角。对数据资源的深耕，使得分析型数据库从幕后逐步进入大众视野。基于 PostgreSQL 体系的开源数据库 Greenplum 是大规模并行处理（massively parallel processing，MPP）数据库的典范。这本书的作者是 Greenplum 开源代码贡献者，积累了丰富的 500 强企业的一线实战经验。这本书通过对 Greenplum 关键模块的源码分析，向读者深入浅出地展示了分布式原理和技术如何在工业级产品中应用和实现，用最朴实的方式介绍了一个分布式数据库的架构和诸多细节。

数据库、操作系统和芯片成为信息化时代举足轻重的基础技术。数据库承载着数字世界的底座功能。希望这本书能吸引更多的科技人员对数据库产生兴趣，并加入数据库的研发队伍。

——冯雷，杭州拓数派科技发展有限公司创始人兼 CEO，Greenplum 中国创始人

Greenplum 是业界领先的分布式数据处理平台，它在开源 PostgreSQL 的基础上引入了 MPP 架构，具有大规模数据的分析处理能力。经过十多年积累和打磨，Greenplum 在稳定性、SQL 接口的标准性、分布式事务处理能力、灵活高效的存储方式、高性能的数据加载、高可用性方面都有长足的进步。在云计算和云原生盛行的今天，Greenplum 与云平台融合，碰撞出了新的火花。

Greenplum 代码从 2015 年开始开源，获得了广泛关注，在全球有上百位来自美国、中国、俄罗斯、日本、英国、德国、芬兰、瑞士等国家的贡献者，约有半数的贡献来自中国开发者。在国内，Greenplum 中文社区尤为活跃，线上线下活动丰富，越来越多的人开始了解和使用 Greenplum。

这本书的作者有多年的云计算和分布式系统的开发与运维经验，活跃于 Greenplum 中文社区和与其相关的 HAWQ 开源社区，是 Greenplum 和 HAWQ 项目的贡献者。这本书通过源

码级别的分析，向读者介绍了分布式理论在工业级产品 Greenplum 中的实现和落地。希望通过这本书，数据库从业者和爱好者可以更加深入和全面地了解 Greenplum，为社区的繁荣和 Greenplum 项目做出更多贡献。

——姚延栋，北京四维纵横数据技术有限公司创始人兼 CEO

2010 年，Greenplum 在国内走上了快车道。2015 年，Greenplum 代码开源，开启了庞大的开源社区模式，其社区非常活跃，为 Greenplum 贡献了很多高质量的代码。同时，在国家信息技术应用创新产业的号召下，前 Pivotal 研发团队的骨干也开始创业，研发出基于 Greenplum 的国产 MPP 数据库。得益于 Greenplum 和其基于的 PostgreSQL 的友好开源协议，大家可以自由地修改和贡献大量的源码和新功能。在此背景下，我们对一本深入讲解 Greenplum 源码的书的需求愈加强烈。

目前市场上有关 Greenplum 的图书，有讲最佳实践和日常运维的，有讲基本架构和模块分析的，即便触及源码层面的内容，也无法像这本书那样对二次开发和问题修复提供有效的指导和帮助。本人有幸与本书作者深入探讨过该问题，作者希望能为国内的数据库发展贡献自己的一份力量，为国内的数据库人才发展提供通用型的指导和帮助。作者利用业余时间，耗时两年，几经修改，终于著成本书。

我与作者结识多年，共同见证了 Greenplum 在中国的快速发展。很荣幸得到作者邀请为这本书写推荐语，相信这本书将会为 Greenplum 在国内的飞速发展树立起一座新的里程碑。

衷心祝愿 Greenplum 的爱好者及开发者能在学习本书后更上一层楼。

——陈淼，Greenplum 数据库专家，解决方案架构师

随着大数据时代的真正到来，对更多类别和更大规模的数据进行快速处理而获得更多的商业价值，已成为企业管理者的共识和孜孜以求的目标。Greenplum 作为高扩展和高性能的 MPP 数据库，得到了越来越多企业和组织的认可。然而分布式数据库的学习曲线较为陡峭，数据库从业者在早期阶段可能会感到困惑和无从下手。这本书提供了从分布式数据库的理论到产品级实践的介绍和解读，力求给更多的数据库开发人员传道解惑。

这本书从分布式事务、分布式计算和分布式存储几个角度，分析了 Greenplum 数据库的架构和实现细节。同时，这本书还分析了许多代码片段，让读者可以通过更加直观的方式加深对分布式数据库相关理论的理解和掌握。

作为作者的校友与前同事，我一直非常认可他对待工作严谨认真的态度。这次他将书稿

发给我后,我快速浏览了一遍,字里行间还是熟悉的风格:严谨、细致而又通俗易懂。

总的来说,这是一本非常不错的分布式数据库理论和实践相结合的书,对于从事数据库开发工作的人来说,它是一本可随时查阅的参考书。无论是企业还是个人,都会从这本书中得到意想不到的收获。

——陈开来,前 Autonomic 中国区总监

数据库是信息产业的三大基础技术(还有芯片和操作系统)之一。近几年来,国内外涌现出相当多优秀的数据库产品和创业企业,其中有不少以 PostgreSQL 或 Greenplum 为基础进行持续创新。Greenplum 作为分布式 MPP 数据库的代表产品,以其开源且开放的生态、精简高效的架构、成熟稳定的产品化能力为大量用户、开发者提供了坚实的服务底座和产品基石。

这本书的作者是一位具有丰富实践经验和技术深度的 Greenplum 专家,我与他相识多年,为其对技术的执着追求感到由衷的赞叹和敬佩!该书为读者深入了解 Greenplum 的内部工作原理提供了一个难得的机会,从 Greenplum 架构、存储、查询优化、并行执行等方面入手,深入剖析了 Greenplum 的源码实现细节,使读者能够深入了解 Greenplum 的内部运作机制,对于 Greenplum 的使用者和开发者来说,是一本不可多得的参考指南。

期望本书能够帮助、激励广大从事、关注、热爱数据库相关研发领域的同人,继往开来,为人类数字化技术的进步贡献力量。

——魏一,北京酷克数据科技有限公司(HashData)副总裁,
Greenplum 数据库专家

前　言

为什么写本书

Greenplum 公司最初是在 2003 年由两家公司（Metapa 和 Didera）合并而成的，创始人是斯科特·亚拉（Scott Yara）和卢克·洛纳根（Luke Lonergan）。公司最早的产品叫作 Bizgres，是通过二次开发 PostgreSQL 数据库，并将其架构改造成大规模并发处理的架构开发而成的。2006 年 Sun Microsystems 公司成为 Bizgres 项目的合作方之一。Bizgres 项目被开发成能在多个操作系统上使用的软件，如 Linux 操作系统、Solaris 操作系统、Windows 操作系统。2008 年 Bizgres 正式改名为 Greenplum，主要的运行系统变成 Linux 操作系统。2010 年前后 Greenplum 公司被 EMC 公司收购，Greenplum 成为 EMC 公司大数据套件的产品之一。2013 年 Pivotal 公司成立，Greenplum 产品被 Pivotal 公司纳入产品线。2019 年 Pivotal 公司被 VMware 公司收购。

从 Greenplum 数据库的发展历程和时间线中，能看到 MPP 系统的简史。同一时代的 Hadoop 产品是 MPP 系统的代表。和 Hadoop 产品不同，数据库管理系统将 MPP 逻辑封装了起来，终端用户的使用方式和使用习惯与使用单机版的数据库管理系统的方式和习惯保持一致，这样既降低了用户的学习门槛，又保证了产品对于业务的可用性。

笔者基于对分布式理论和分布式数据库领域多年的研究和实践经验，把分布式理论、数据库技术结合起来，深入浅出地分析了工业级成熟产品 Greenplum。本书如能促成更多的科研工作者和学者参与到分布式数据库领域的发展中，笔者将感到非常荣幸。

如何阅读本书

本书共 3 篇。第 1 篇介绍分布式数据库的基础理论，有基础的读者可以快速浏览或者略过。第 2 篇分 3 个方面介绍 Greenplum 数据库的具体实现，涉及详细的源码分析，建议读者从异步社区网站下载本书配套源码，结合阅读。如果有条件，读者可以在 Linux 操作系统上编译并运行 Greenplum，通过调试工具 gdb 进入程序内部观察内存对象模型、函数调用栈、线程模型等。第 2 篇的很多章节附有函数调用栈的图片信息，读者在调试过程中可以进行对比。在阅读第 2 篇内容的同时，读者也可以回顾第 1 篇的相关章节，从而把从理论到实践，再回到理论的过程打通。这样读者就能更加深刻地理解 Greenplum 这个工业级分布式数据库了。第 3 篇介绍数据库在云计算和新技术浪潮下的机遇和挑战。

本书在对应内容的脚注里标明了参考文献，包含很多数据库领域的论文和专著。读者可以在阅读本书的同时阅读相关文献，以获取知识点的全貌。

致谢

感谢我的妻子和女儿，如果没有你们的包容和支持，我不可能完成本书。

感谢杭州拓数派科技发展有限公司的冯雷和陆公瑜，北京四维纵横数据技术有限公司的姚延栋，北京酷克数据科技有限公司的魏一，谢谢你们对本书的意见和建议。你们是中国 Greenplum 的先驱，现在又各自活跃在创业第一线。

感谢前 Autonomic 中国区总监陈开来和架构师梁博艺，谢谢你们对本书的关注，车联网、物联网和分布式数据库、时间序列数据处理关系紧密，融合性的场景和领域会越来越多。

感谢前 Pivotal 同事陈淼，我们长时间的合作和讨论，对本书的创作、若干相关项目的开发和成形产生了积极影响。

最后感谢郭媛编辑的大力支持，谢谢你耐心的指导和审核。

王凤刚

2024 年 7 月

资源与支持

资源获取

本书提供如下资源：
- 源码；
- 本书思维导图；
- 异步社区 7 天 VIP 会员。

要获得以上资源，您可以扫描下方二维码，根据指引领取。

提交勘误信息

作者和编辑尽最大努力来确保书中内容的准确性，但难免会存在疏漏。欢迎您将发现的问题反馈给我们，帮助我们提升图书的质量。

当您发现错误时，请登录异步社区（https://www.epubit.com），按书名搜索，进入本书页面，单击"发表勘误"，输入错误信息，单击"提交勘误"按钮即可（见下页图）。本书的作者和编辑会对您提交的错误信息进行审核，确认并接受后，您将获赠异步社区的 100 积分。积分可用于在异步社区兑换优惠券、样书或奖品。

与我们联系

我们的联系邮箱是 contact@epubit.com.cn。

如果您对本书有任何疑问或建议,请发邮件给我们,并请在邮件标题中注明本书书名,以便我们更高效地做出反馈。

如果您有兴趣出版图书、录制教学视频,或者参与图书翻译、技术审校等工作,可以发邮件给我们。

如果您所在的学校、培训机构或企业想批量购买本书或异步社区出版的其他图书,也可以发邮件给我们。

如果您在网上发现有针对异步社区出品图书的各种形式的盗版行为,包括对图书全部或部分内容的非授权传播,请您将怀疑有侵权行为的链接通过邮件发送给我们。您的这一举动是对作者权益的保护,也是我们持续为您提供有价值的内容的动力之源。

关于异步社区和异步图书

"异步社区"是由人民邮电出版社创办的 IT 专业图书社区,于 2015 年 8 月上线运营,致力于优质内容的出版和分享,为读者提供高品质的学习内容,为作译者提供专业的出版服务,实现作译者与读者在线交流互动,以及传统出版与数字出版的融合发展。

"异步图书"是异步社区策划出版的精品 IT 图书的品牌,依托于人民邮电出版社在计算机图书领域 30 余年的发展与积淀。异步图书面向 IT 行业以及各行业中使用 IT 技术的用户。

目　录

第1篇　原理篇

第1章　云计算时代的数据库 ························ 2
1.1　数据库的历史和发展 ·························· 2
1.2　云计算带来的挑战 ···························· 3
1.3　云原生数据库的主要特点 ······················ 3

第2章　分布式数据库基础理论和架构 ················ 5
2.1　分布式数据库理论概述 ························ 5
  2.1.1　CAP 理论和 BASE 理论 ················ 5
  2.1.2　一致性算法 ···························· 6
2.2　典型的分布式数据库 ·························· 9
  2.2.1　OLTP 型数据库 ························ 9
  2.2.2　OLAP 型数据库 ························ 9
  2.2.3　HTAP 型数据库 ························ 9

第3章　并发控制 ·································· 10
3.1　概述 ······································· 10
3.2　并发控制的分类 ····························· 10
3.3　基于锁的并发控制 ··························· 11
3.4　基于时间戳的并发控制 ······················· 12
3.5　基于验证法的乐观并发控制 ··················· 13
3.6　MVCC 技术 ································ 13
3.7　快照隔离技术 ······························· 16
3.8　可序列化快照隔离 ··························· 17
3.9　死锁管理 ··································· 20
3.10　B*树和 LSM 树 ···························· 25

第2篇　Greenplum 架构和源码分析

第4章　Greenplum 总体架构 ························ 30
4.1　概述 ······································· 30
4.2　数据库通信协议 ····························· 33
  4.2.1　启动阶段 ······························ 35
  4.2.2　取消请求 ······························ 36
  4.2.3　常规阶段 ······························ 36
4.3　Greenplum 的架构和核心引擎 ················ 38
  4.3.1　Greenplum 主要模块介绍 ·············· 38
  4.3.2　通用场景 ······························ 40
  4.3.3　Interconnect 模块 ······················ 42
  4.3.4　gang 和 slice ·························· 54

第5章　分布式事务的实现 ·························· 62
5.1　分布式事务的原理和两阶段提交 ······ 62
  5.1.1　事务隔离 ······························ 62
  5.1.2　两阶段提交 ···························· 65
5.2　steal/force 和 WAL 协议 ····················· 66

5.3 PostgreSQL 事务处理和状态机介绍 ················ 68
　5.3.1　PostgreSQL 事务处理 ············· 69
　5.3.2　PostgreSQL 状态机 ··············· 70
5.4 分布式事务状态机 ················· 72
5.5 简单完整的分布式事务 ············· 75
　5.5.1　初始化和 begin 命令 ············· 75
　5.5.2　insert 命令 ······················ 79
　5.5.3　两阶段提交的实现 ··············· 81
5.6 分布式事务如何容错 ··············· 93

第 6 章　分布式计算的实现 ············ 100
6.1 Greenplum 的执行计划 ············ 100
　6.1.1　查询优化器 ···················· 100
　6.1.2　Greenplum 的统计信息 ········· 102
　6.1.3　Legacy 优化器概述 ············· 102
　6.1.4　Orca 优化器简介 ··············· 109
6.2 运行执行器的算子 ················ 111
　6.2.1　常规算子 ······················ 111
　6.2.2　具有特殊功能的算子 ··········· 114
　6.2.3　Motion 算子 ··················· 117
　6.2.4　运行执行器综述 ··············· 118
6.3 本地共享快照 ···················· 122
6.4 分布式快照 ······················ 125
　6.4.1　分布式快照的实现方式 ········· 125
　6.4.2　可见性判断 ···················· 129

6.5 共享内存 ························ 133
6.6 哈希和重分布 ···················· 134

第 7 章　分布式存储的实现 ············ 140
7.1 Greenplum 数据的分布方式 ········ 140
　7.1.1　哈希分布 ······················ 140
　7.1.2　随机分布 ······················ 141
　7.1.3　复制分布 ······················ 142
7.2 Greenplum 数据库的高可用性 ······ 142
7.3 heap 表和 AO 表 ·················· 143
7.4 外部表存储 ······················ 144
　7.4.1　Libcurl 库函数 ················· 145
　7.4.2　外部表协议 gpfdist ············· 146
　7.4.3　Scan 算子和 gpfdist 客户端 ······ 148
　7.4.4　gpfdist 服务端 ················· 153

第 3 篇　数据库和新技术

第 8 章　云原生数据库 ················ 158
8.1 Greenplum 的云原生尝试 ·········· 158
8.2 VMware 多云战略和 Greenplum ···· 159
8.3 HAWQ 项目介绍 ·················· 160

第 9 章　新技术的机遇 ················ 162
9.1 NVM 存储技术 ··················· 162
9.2 虚拟化技术 ······················ 163
9.3 容器技术 ························ 164

Part 01

第1篇 原理篇

- 第1章 云计算时代的数据库
- 第2章 分布式数据库基础理论和架构
- 第3章 并发控制

第 1 章

云计算时代的数据库

1.1 数据库的历史和发展

数据库管理系统已经经历了半个多世纪的发展,单机版本的数据库越来越健壮,功能越来越丰富。云计算和分布式技术流行以后,包括数据库在内的传统信息技术(information technology,IT)基础系统开始发生变革。

图 1-1 根据中国信息通信研究院发布的《数据库发展研究报告(2021 年)》中数据库发展历程主要节点图绘制,图中对主流数据库发展的过程进行了详细标注。

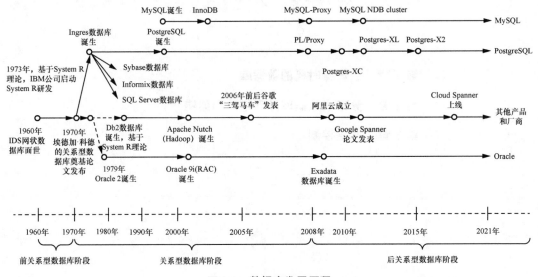

图 1-1 数据库发展历程

非关系型数据库(not only SQL,NoSQL)在最近十多年也有长足的发展,而且随着人们对数据库系统越来越了解,很多融合性产品被研发出来,比如时序数据库、图数据库、文档数据库、键值数据库等。

数据库作为 IT 基础设施后台的核心，越来越受到人们的重视。

1.2 云计算带来的挑战

传统的联机事务处理（online transaction processing，OLTP）数据库（如 Oracle 数据库）仍旧是银行等传统行业的后台支撑，但随着分布式技术的流行，新兴的数据分析行业迎来很多机遇，各种分析型数据库纷纷成熟起来，本书要介绍的 Greenplum 就是其中之一。Greenplum 对 PostgreSQL 内核做了修改，用大规模并行处理（massively parallel processing，MPP）策略使数据分散到多个节点。

云计算和数据库系统的融合，最开始是在云平台上托管单机或者小规模集群的数据库，这样的融合简化了数据库系统的运维过程，把数据库系统的维护从机房转移到云平台，传统数据库变成了云数据库。随着用户需求（如数据库需要动态获取资源进行计算和分析，按照使用量计费以提高资源使用效率；用多模式多引擎的方式分析数据、基于列存储和行存储进行数据分析、用 B 树索引进行数据分析等）的增加，云数据库演化成了云原生数据库。数据存储和数据计算在云平台上被解耦，资源被统一分配和调度。

目前，以 Snowflake 为代表的云原生数据库越来越被企业所接受，云原生的概念和行业标准日渐成熟。当然，技术本身也在进步，基于快速 UDP 互联网连接（quick UDP internet connection，QUIC）的 HTTP/3、非易失性存储器（non-volatile memory，NVM）存储技术、数据平面开发套件（data plane development kit，DPDK）/存储性能开发套件（storage performance development kit，SPDK）等网络技术给数据库管理系统带来了更多的挑战。

1.3 云原生数据库的主要特点

要了解云原生数据库的特点，就不得不提亚马逊云计算技术。亚马逊在 2014 年推出 Aurora/RDS，然后推出了键值（key value，KV）数据库 Amazon DynamoDB、文档数据库 Amazon DocumentDB、内存数据库 Amazon ElastiCache、图形数据库 Amazon Neptune、时间序列数据库 Amazon Timestream、宽列数据库 Amazon Keyspaces、分类账数据库 Amazon Quantum Ledger Database、数据仓库服务 Amazon Redshift 等很多数据库产品，亚马逊公司按照各类需求把数据库服务迁移到了云平台上。使用这些服务的企业很多，比如 Netflix、Snapchat、Zoom、Disney、Slack、Coinbase、Samsung 等。这些企业一开始使用的都是自己在机房里搭建的数据库集群，但随着亚马逊云数据库服务的日渐成熟，它们慢慢把后台服务迁移到亚马逊云平台上。Snowflake 公司也没有建立自己的云平台，而是使用 Amazon Web Services（AWS）、Microsoft Azure、Google Cloud Platform（GCP）的云平台搭建自己的数据分析平台。从这些案例能看出，云原生数据库随着互联网技术的日益发展会越来越流行。云原生数据库的特点如下。

- 性能高。DynamoDB 和 Aurora 能在毫秒级别的时间内做出反应，GCP 的 Big Query 也是以性能著称的。随着基础设施数据传输速度的提升、优化策略的落地，性能指标会越来越高。

- 可靠性高。通常，云平台公司会承诺其服务可靠性达到 99.99%或者 99.999%等这样的正常运行服务水平。同时，灾备系统的支持也为短时间内恢复服务提供了额外保障。类似的可靠性服务是由云平台公司提供的，客户不用进行额外投入。

- 资源弹性。云平台服务有按需付费的特点，成本控制清晰。比如，来自应用程序的请求变少，数据库的运行实例就会向下缩容，可以节约成本；反之会向上扩容，以保证应用的健壮性。

- 学习成本低。在数据分析领域，为了完成数据分析的所有步骤，数据科学家们可能需要学习 Python、R 等编程语言，这都会增加学习成本。云平台上整合了数据录入、预处理、数据分析等一系列的功能，数据录入后用结构查询语言（structure query language，SQL）分析数据，能降低学习成本。

第 2 章

分布式数据库基础理论和架构

2.1 分布式数据库理论概述

分布式数据库的运行依赖网络互联,单机数据库只运行在单独的操作系统上,不会涉及网络互联。本节介绍的分布式理论(CAP 理论、BASE 理论)和一致性算法相关的内容是围绕如何在网络异常的情况下,最大限度地保证数据一致性而展开的。

2.1.1 CAP 理论和 BASE 理论

1. CAP 理论

分布式数据库是分布式系统,所以必须遵循 CAP 理论。CAP 理论又被称作布鲁尔定理,如图 2-1 所示,它指出一个分布式系统不可能同时满足以下 3 点。

- 一致性(consistency,C)。
- 可用性(availability,A)。
- 分区容错性(partition tolerance,P)。

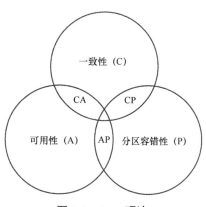

图 2-1 CAP 理论

要理解 CAP 理论，理解"分区容错性"是关键。分布式系统里的网络异常是不可避免的，在异常发生以后网络分区就客观存在了，对分区是必须要容忍的。在这样的情况下，系统设计人员必须在一致性和可用性之间做出选择，也就是一致性和可用性（CA）不能兼顾。可以选择停掉系统，等网络节点恢复后修复数据库，这样就保证了一致性和分区容错性（CP）；也可以选择继续提供服务，放弃强一致性的要求，这样就保证了可用性和分区容错性（AP）。换句话说，要么牺牲一致性，要么牺牲可用性。

CAP 理论起源于美国加利福尼亚大学伯克利分校的计算机科学家埃里克·布鲁尔（Eric Brewer）在 2000 年的分布式计算原理研讨会上提出的一个猜想[1]。2002 年，美国麻省理工学院的赛思·吉尔伯特（Seth Gilbert）和南希·林奇（Nancy Lynch）发表了布鲁尔猜想的证明论文，使之成为一个理论。

论文里面说明了 C、A、P 三者不能同时满足。但是如上文所述，P 在分布式系统里客观存在，所以只要对 C 和 A 做正确的取舍即可。

2. BASE 理论

BASE 是指基本可用（basically available，BA）、软状态（soft state，S）、最终一致性（eventual consistency，E）。基于传统 ACID（atomicity，原子性；consistency，一致性；isolation，隔离性；durability，持久性）方法论设计的关系数据库，会把一致性的实现作为首要考虑内容，但是基于 BASE 理论的方法论是弱一致性的策略。

BASE 理论[2]最早在网络领域提出，为非关系型数据库而设计。BASE 理论的一致性模型和 ACID 理论的相比是弱一致性模型，在 KV 数据库和文档数据库里面应用较多。

BASE 理论和 ACID 理论的对比这里就不详细介绍了，感兴趣的读者可以自行查阅文献。总体来说，BASE 理论是 CAP 理论的补充，如果一致性在当前不能被满足，可以放宽约束条件，同时保证对外服务的可用性（BA）。系统里的所有数据副本在经过一段时间的同步后，最终实现一致性（E）。从最开始到最后实现一致性的过程中，存在软状态（S）。

2.1.2 一致性算法

一致性算法[3]有很多，本节只简单介绍 2PC、3PC、Paxos、Raft、ZAB 这几种。生产系统里常用的软件大都实现并改进了这些一致性算法。

---

1 GILBERT S, LYNCH N. Brewer's conjecture and the feasibility of consistent, available, partition-tolerant web services[J]. ACM SIGACT News,2002,33(2): 51-59.
2 PRITCHETT D. Base: an acid alternative: in partitioned databases, trading some consistency for availability can lead to dramatic improvements in scalability[J]. ACM Queue,2008, 6(3): 48-55.
3 李海翔. 分布式数据库原理、架构与实践[M]. 北京：机械工业出版社，2021：3-55.

1. 2PC

2PC（two phase commit，两阶段提交）是使分布式系统的所有工作实例，在事务提交时保持一致性而设计的一种算法。很多分布式数据库都是使用 2PC 作为提交协议算法的，比如 Greenplum、Google Spanner。提交的受众有两个角色：参与者和协调者。

第一阶段，协调者记录本地日志信息，发送询问给各个参与者，然后等待；参与者回复自己是否可以提交，如果可以提交，参与者也记录本地日志。

第二阶段，如果协调者收到所有参与者的确认信息，则记录本地提交日志，然后给各个参与者发送提交信息，参与者收到后记录本地提交日志，返回确认信息给协调者；如果协调者收到任何一个参与者的中止信息，则会记录本地中止日志，然后给各个参与者发送中止信息，参与者收到后记录本地中止日志，然后发送确认信息给协调者。

2PC 算法的优点是原理简单、清晰，实现方便。缺点也很明显：协调者有单点故障；第二阶段不能保证强一致性，数据会不一致；参与者需要相互等候，同步阻塞。两阶段提交协议是本书的重点，在后续的源码分析章节里有详细的状态机描述和代码分析内容，读者可以学习到一个工业级软件 Greenplum 是如何改进和实现 2PC 的，以及各种异常情况的处理方法。

2. 3PC

3PC 算法基于 2PC 算法改造和升级而来。它引入了超时机制，并将 2PC 算法的第一阶段分成了两个阶段，所以一共有 3 个阶段：准备阶段、预提交阶段、提交阶段。参与者收到预提交请求后不做实际动作，进入预提交阶段，收到提交请求或者超时以后才完成实际操作，进入提交阶段。3PC 算法的优点很明显，即在出现协调者单点故障的时候参与者也能自己进行提交。当然，如果这时候出现了网络分区，数据还是会不一致。

3. Paxos

Paxos[1]是一个强一致性算法，也是一个多数派算法。集群里面出现分歧的时候，每个节点都可以提出修改该条数据的提案，提案能否通过取决于是否有超过半数的节点同意该提案。按照 Paxos 算法策略，集群的节点有以下多种角色。

- 客户端（client）：向分布式数据库发起请求的节点。

- 提案者（proposer）：向集群里面其他节点发起提案的节点。

- 接收者（acceptor/voter）：接收某个提案者的提案的节点。

---

1 GRAY J, LAMPORT L. Consensus on transaction commit [J]. ACM Transactions on Database Systems, 2006, 31(1): 133-160.

- 学习者（learner）：提案通过后，进行数据复制的节点。
- 领导者（leader）：提案通过后，被选为领导者的节点。Paxos 算法确保只有一个领导者。

Paxos 算法在具体实施的时候又分为很多种，如 Basic Paxos、Multi-Paxos、Cheap Paxos、Fast Paxos、Byzantine Paxos，还有一些是几种算法的综合变体。

4. Raft

Raft[1] 也是一个强一致性算法，通过选举的方式选出领导者，然后进行日志处理。所以主要有两个阶段，第一阶段是领导者选举，第二阶段是日志复制。按照这样的逻辑，节点也有多种角色。

- 客户端（client）：向分布式数据库发起请求的节点。
- 候选人（candidate）：在领导者被选出来以前，各个节点都是候选人。
- 领导者（leader）：在选举结束以后，被选为领导者的候选人。只有领导者才能进行日志复制工作。它从客户端接收请求，在本地做完日志复制以后，再将日志发散到各个跟随者节点上。
- 跟随者（follower）：跟随者在接收到来自领导者的日志信息后，进行本机的日志复制。

Raft 算法还有一个安全（safty）机制，保证了选举和日志复制过程中遇到异常也不会破坏强一致性。Raft 算法的选举策略和 Paxos 算法的类似，利用多数原则来确定完成投票。

5. ZAB

ZAB 是 ZooKeeper Atomic Broadcast（ZooKeeper 原子广播）的缩写，是在 ZooKeeper 产品里面使用的算法。ZooKeeper 有跟随者和领导者两个角色，跟随者向领导者发起事务提交请求，领导者接收事务提交请求，用 ZAB 算法将数据广播到各个节点上。ZooKeeper 的数据按照一个树形结构存储。这时候 ZAB 算法也要保证事务提交的顺序正确和异常处理正确等。

提示　本节简单介绍了几种一致性算法。2PC 算法和 3PC 算法要求所有节点提交成功，而 Paxos 算法、Raft 算法等只需要一半以上的节点提交成功，在算法策略上有本质差异。

---

[1] ONGARO D, OUSTERHOUT J. In search of an understandable consensus algorithm [J]. USENIX Annual Technical Conference, 2014: 305-319.

2.2 典型的分布式数据库

数据处理技术和数据库技术相辅相成，像 OLTP、OLAP（online analytical processing，联机分析处理）和 HTAP（hybrid transaction/analytical processing，在线事务与在线分析综合处理）这样的技术属于数据处理技术。数据可以被各种软件处理，如 Elasticsearch、Splunk、Hadoop、Solr/Lucene，也可以被数据库处理。所以，对应不同场景的数据库可以分别将其称为 OLTP 型数据库、OLAP 型数据库、HTAP 型数据库。

2.2.1 OLTP 型数据库

OLTP 型数据库即联机事务处理型数据库，强调速度和并发度。通常是高可用的在线系统，以简单查询为主，力求速度快、并发度高，以银行、证券的实时交易系统为主要应用场景。

为了达到速度快的目的，OLTP 型数据库通常会使用缓存、索引等技术，对频繁访问的表或者对象进行预操作。分布式技术也给 OLTP 型数据库的发展带来了积极的影响，比较有名的产品如 Google Spanner、AWS Aurora 等，也有用 MariaDB 的集群方式部署的 OLTP 型数据库。

2.2.2 OLAP 型数据库

OLAP 型数据库即联机分析处理型数据库，强调数据量大和查询条件复杂。这样的数据库通常运行在后台的数据挖掘系统中。OLAP 型数据库的速度和并发度与 OLTP 型数据库相比要低很多，该类型数据库在报表报告的生成、科学计算、商业智能领域使用广泛。

OLAP 型数据库的显著特点是查询条件复杂、查询维度多、数据量大、并发度低。本书介绍的 Greenplum 利用分布式技术将复杂的大型查询分解，按照数据分布的特点在各个子节点上进行数据读入和部分聚合，然后进行总体聚合并返回结果。这就是典型的利用分布式技术来处理复杂查询和大量数据的例子。同时，物化视图、位图索引等技术也能帮助提高 OLAP 型数据库的性能。

2.2.3 HTAP 型数据库

HTAP 型数据库是 Gartner 公司提出的。它把 OLTP 型数据库和 OLAP 型数据库整合到一起，目标是为实时、高效查询提供数据库支持。有时候大家会把使用了新技术的数据库归类为 HTAP 型数据库，比如内存数据库、云原生数据库等。虽然目前 HTAP 型数据库的划定界限还比较模糊，但是越来越多的 OLTP 和 OLAP 型数据库在向 HTAP 领域发展。比如 MariaDB、Microsoft 的 Cosmos DB、PingCAP 的 TiDB、SAP 的 HANA 等。本书着重介绍的 Greenplum 数据库也在向 HTAP 领域做优化和扩展。

第 3 章

并发控制

3.1 概述

数据库管理系统里的并发控制能保证数据库事务并发执行,同时保证事务的完备性,也就是 ACID(详见 5.1.1 节)。反过来说,如果不使用并发控制,所有的事务都按顺序方式执行,这样的执行是低效的,也就完全没有性能可言了。

现在的多核中央处理器(central processing unit,CPU)、分布式集群、云计算技术将计算任务分散到各个线程或计算实例上,数据库管理系统在这样的情况下对并发控制提出了更高的要求。

3.2 并发控制的分类

如图 3-1 所示,可从两个维度来衡量并发控制。第一个维度是乐观程度,锁的并发是最悲观和严格的,在横轴左侧。第二个维度是版本信息,纵轴表示单版本或多版本,版本的划分方式由多版本并发控制(multi-version concurrency control,MVCC)技术决定。

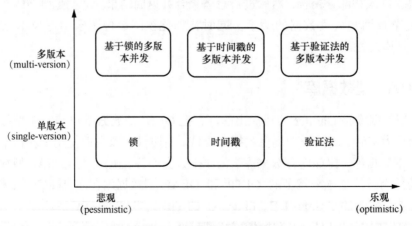

图 3-1 并发控制的分类

MVCC 技术简单来说就是在写数据或者更新数据时，直接生成新的数据版本，而不立即删除旧版本数据。读数据的时候，通过事务和数据版本的关系来决定访问哪个版本的数据。这样的策略本质上是通过版本号来减少锁的竞争。当然，多版本也会带来更高的维护成本，比如旧数据的回收、版本号的回卷等方面的成本。

因为并发发生冲突不可避免，检查冲突的时机就决定了乐观的程度。基于锁的策略是最悲观的，因为操作前或者事务开始前就需要对对象加锁，遇到冲突操作就暂停。基于时间戳的策略要乐观一些，它是在事务执行过程中进行判断和冲突检测的。基于验证法的策略是最乐观的，它等事务执行结束，在提交前进行验证，对冲突的事务进行暂停或者终止，这时候因为对象能修改的都改完了，所以并发度能达到很高。

3.3 基于锁的并发控制

基于锁的并发控制是最悲观的控制策略。在事务开始之前，对对象进行加锁处理，如果这时有其他事务访问对象，策略就是暂停或者终止。用得较多的并发控制协议叫作两阶段锁（two phase locking，2PL）协议。如表 3-1 所示，有两类锁会被两阶段锁协议使用，即访问共享锁（shared lock）、排他锁（exclusive lock），这两种锁在不同的行为下被使用，也会对另外事务的不同行为产生各自的影响。

表 3-1 锁兼容性对照

锁类型	访问共享锁	排他锁
访问共享锁	√	×
排他锁	×	×

注：√代表"兼容"，×代表"不兼容"。

使用两阶段锁协议有两个阶段。

- 扩张阶段。扩张阶段不断地上锁，但是不释放锁。
- 收缩阶段。收缩阶段不断地释放锁，但是不添加锁。

两阶段锁协议表示，不要在锁被释放后再去加锁。事务遵守了这样的协议就能保证串行性。

基于两阶段锁的高级算法还有很多，比如保守两阶段锁（conservative two phase locking，C2PL）、严格两阶段锁（strict two phase locking，S2PL）、强严格两阶段锁（strong strict two phase locking，SS2PL）。这些升级的两阶段锁算法对加锁和释放锁的策略进行了优化，提出了更细致的策略。

3.4 基于时间戳的并发控制

基于时间戳的并发控制在事务开始的时候分配一个全局自增的时间戳，该时间戳可以与时间有关，也可以用自增标识来表示。时间戳主要用于比较，先发生的事务的时间戳比后发生的事务的时间戳要小，方便区分事务开始的先后顺序。这样的算法是不用加锁的，有利于提高系统的并发度。

这里用一个简单的对象 x 来解释基于时间戳的并发控制，比如有以下假设。

（1）每个事务 T 都会被分配一个固定、唯一的单调递增的时间戳。假设 $T_s(T_i)$ 就是事务 T_i 的时间戳。

（2）如果 $T_s(T_i) < T_s(T_j)$，数据库系统就必须保证事务 T_i 在事务 T_j 之前被执行。

（3）时间戳产生的方式有系统时钟方式、逻辑计数器方式及前两种方式的混合方式。

（4）每个数据库对象 x 内部会包含以下额外信息。

① 最新的写操作事务的时间戳 $W\text{-}T_s(x)$。

② 最新的读操作事务的时间戳 $R\text{-}T_s(x)$。

基于上面的假设和读写场景，有不同的时间戳冲突检测方法。

针对读操作，如果 $T_s(T_i) < W\text{-}T_s(x)$，代表比 T_i 晚执行的事务在 T_i 想读取数据之前进行了写操作，并修改了 $W\text{-}T_s(x)$。冲突发生，事务 T_i 被终止。如果 $T_s(T_i) \geqslant W\text{-}T_s(x)$，则按照正常的步骤更新时间戳。

针对写操作，如果 $T_s(T_i) < R\text{-}T_s(x)$ 或者 $T_s(T_i) < W\text{-}T_s(x)$，代表比 T_i 晚执行的事务在 T_i 想要写数据之前读取了数据，并修改了 $R\text{-}T_s(x)$；比 T_i 晚执行的事务在 T_i 想要写数据之前修改了数据，并修改了 $W\text{-}T_s(x)$。这两种情况都表示有冲突发生，事务 T_i 被终止。如果 $T_s(T_i) \geqslant R\text{-}T_s(x)$ 并且 $T_s(T_i) \geqslant W\text{-}T_s(x)$，按照正常的步骤更新数据本身和时间戳。

除了读写操作，还有一种优化策略规则，叫作托马斯写入规则。如果 $T_s(T_i) < R\text{-}T_s(x)$，事务 T_i 被终止；如果 $T_s(T_i) < W\text{-}T_s(x)$，按照托马斯写入规则，忽略事务 T_i 中的写操作，事务继续执行。优化操作虽然违反了时间戳顺序的规则，但是其他的事务也读不到事务 T_i 对于对象 x 的写操作结果。如果 $T_s(T_i) \geqslant R\text{-}T_s(x)$ 并且 $T_s(T_i) \geqslant W\text{-}T_s(x)$，则按照正常的步骤更新数据本身和时间戳。

上面的场景假设和冲突检测机制简单描述了基于时间戳的并发控制方法。这个方法是无锁的策略，所以其并发度高于基于锁的策略的并发度。

提示 基于时间戳的并发控制方法是现在数据库中的一套主流并发控制方法。有使用物理时间的，比如 Oracle、Google Spanner 等，Google Spanner 使用的 TrueTime 结合了原子钟；有使用自增序列的，比如 MySQL、PostgreSQL、Greenplum 等。其中有一种关键技术叫 MVCC，MVCC 广泛使用了自增序列的时间戳，同时衍生出来的技术叫作快照隔离（snapshot isolation，SI），即按照时间戳对数据进行逻辑快照，以实现事务的隔离。本节介绍的时间戳技术是后续内容 MVCC 的基础。

3.5 基于验证法的乐观并发控制

基于验证法的乐观并发控制（optimistic concurrency control，OCC）是相比来说最乐观的一种控制策略，它把冲突检测放到了事务的最后，也就是提交前才进行，也不使用锁。OCC 将事务分成 3 个阶段，即读取阶段、验证阶段和提交阶段。

（1）读取阶段。事务读取数据到私有空间，完成数据读写操作，维护当前事务的私有数据集合。

（2）验证阶段。对比当前事务和其他事务的关系，判断是否有冲突。

（3）提交阶段。如果验证阶段验证成功，则提交数据。如果验证阶段验证失败，表示有冲突发生，则终止事务。

基于验证法的乐观并发控制通常用于并发冲突不严重的系统。偶尔发生的事务回滚不频繁，以得到较高的效率。在生产环境中，使用这种策略的数据库比较少，这种策略没有基于时间戳或者 MVCC 技术的策略使用广泛。

3.6 MVCC 技术

MVCC 技术是数据库系统的重要技术，几乎所有数据库都在使用这项技术，它已深入数据库系统的实现和设计的方方面面。数据库系统在物理存储上将单条记录保存为多个版本，一个事务写数据时将创建一条新版本的记录，读数据时将读取最新版本（从事务开始时计算）的记录。MVCC 带来的直接优势是可以实现无锁操作，比如一个读操作的事务可以读到一个完整的数据库的快照，而不需要对任何对象加锁。

在实现 MVCC 技术的时候需要考虑 4 个方面的主要因素。

（1）并发控制。这点在前面也讨论过，有基于锁的多版本并发控制（multi-version two phase locking，MV2PL）、基于时间戳的多版本并发控制（multi-version timestamp ordering，MVTO）、基于验证法的乐观多版本并发控制（multi-version optimistic concurrency control，MVOCC）。

（2）不同版本的记录存储。因为 MVCC 会对同一条记录的多个版本进行同时存储，所以需要有一个合理的存储方法。存储方法有下面几种：只追加（append-only）存储，新数据直接增加到表数据的末端，然后更新版本链；时间旅行（time-travel）存储，需要维护一个 time-travel 表来保存旧版本的数据；德尔塔（delta）存储，这种方法不存储整个元组（tuple），只存储变化部分。

（3）垃圾回收。随着读写操作的累积，数据库里面的旧版本数据越来越多，导致版本链很长，垃圾数据冗余，所以需要做周期性维护工作。一种方法是在元组层级做清理（vaccum）操作，PostgreSQL 和 Greenplum 都要求数据库使用者周期性地做清理维护工作。

（4）索引管理。数据库通常会对主键创建索引，而主键本身受 MVCC 管理，也有版本链。当事务对主键进行写操作时，就会影响索引部分。

这 4 个方面的因素是数据库系统落地 MVCC 技术时需要考虑的重要因素。每个数据库系统的设计和实现方式不同，但都需要解决这 4 个方面的问题。

表 3-2 所示为来自 VLDB（Very Large Data Bases）会议的一篇论文[1] "An empirical evaluation of in-memory multi-version concurrency control"，它总结了几个主流数据库系统对上述 4 个方面的因素的实现方式。后续内容集中介绍基于 MVCC 的 3 种并发控制（MV2PL、MVTO、MVOCC）和 Meta 数据管理。

表 3-2 各类数据库与 MVCC 相关的实现情况

数据库	年份	并发控制	多版存储方式	垃圾回收	索引管理
Oracle	1984	MV2PL	delta	Tuple-level(VAC)	Logical Pointers(TupleId)
PostgreSQL	1985	MV2PL/SSI	append-only(O2N)	Tuple-level(VAC)	Physical Pointers
MySQL-InnoDB	2001	MV2PL	delta	Tuple-level(VAC)	Logical Pointers(PKey)
Hyrise	2010	MVOCC	append-only(N2O)	—	Physical Pointers
Hekaton	2011	MVOCC	append-only(O2N)	Tuple-level(COOP)	Physical Pointers
MemSQL	2012	MVOCC	append-only(N2O)	Tuple-level(VAC)	Physical Pointers
SAP HANA	2012	MV2PL	time-travel	Hybird	Logical Pointers(TupleId)
NuoDB	2013	MV2PL	append-only(N2O)	Tuple-level(VAC)	Logical Pointers(PKey)
Hyper SQL	2015	MVOCC	delta	Transaction-level	Logical Pointers(TupleId)

关于 Meta 数据管理，如图 3-2 所示，在每个元组的 header 里面增加几个字段。

- txn-id 表示当前记录版本的排他锁。每条记录都有这个字段，0 表示没有加排他锁。

- begin-ts 表示元组的版本生命周期，通常就是写入（或者更新）本条记录的 txn-id。如果该记录被删除，begin-ts 被设置成无限大标识（INF）。

---

[1] WU Y J, ARULRAJ J, LIN J X, et al. An empirical evaluation of in-memory multi-version concurrency control[J]. VLDB Endow, 2017: 781-792.

- end-ts 表示元组的版本生命周期,如果记录是最新的版本,end-ts 就是无限大标识;否则 end-ts 被设置成下一个版本的 begin-ts。

- pointer 是版本链里面指向下一个版本的指针。

- read-ts 没有在图 3-2 里面,这是在特定算法(MVTO 算法)下使用的,记录了最新一次读操作的时间戳。

- read-cnt 没有在图 3-2 里面,这是在特定算法(MV2PL 算法)下使用的。每个活跃的读操作都会把本记录的 read-cnt 加 1。

在具体的 MVCC 算法里,这些字段和当前事务自己的事务标识(transaction identity,xid)一起构成各种算法逻辑。

MV2PL 算法会使用元组的 header 字段里的 txn-id、read-cnt、begin-ts、end-ts 来标识状态和实现算法逻辑。在读事务的时候会更新 read-cnt;在写操作的时候会加上排他锁,并且生成新的数据版本。读事务要求记录没有被加排他锁,事务标识要在 begin-ts 和 end-ts 之间。写事务要求记录没有被加排他锁,事务标识值要大于 read-ts 值。

| txn-id | begin-ts | end-ts | pointer | ... | columns |

图 3-2 元组的 header 结构

MVOCC 算法会使用元组的 header 字段里的 txn-id、begin-ts、end-ts 来标识状态和实现算法逻辑。和传统 OCC 一样,MVOCC 算法还是把事务分成 3 个阶段。第一阶段是读阶段,读操作需要满足事务标识在 begin-ts 和 end-ts 之间;如果是写操作,要获取排他锁,然后创建新的记录版本。第二阶段是验证阶段,首先获取一个用于提交的时间戳 T_{commit} 来确定串行化的顺序。如果在验证阶段发现事务的读集合中有被其他事务修改过的记录,就需要终止当前的事务。如果验证通过就进入第三阶段。第三阶段是写阶段,写阶段把所有要更新的数据的新版本写入,然后设置 begin-ts 为 T_{commit},设置 end-ts 为无限大标识。

各类并发控制算法的特点总结如表 3-3 所示。

表 3-3 各类并发控制算法的特点总结

算法	序列化时间戳	读写冲突	写读冲突	写写覆盖
2PL 算法	start-ts	抢到锁的成功	抢到锁的成功	抢到锁的成功
Basic T/O 算法	start-ts	写成功、读失败	读成功、写失败	抢到锁的成功
OCC 算法	commit-ts	无冲突	写成功、读失败	无冲突
MVTO 算法	start-ts	无冲突	读成功、写失败	抢到锁的成功
MVOCC 算法	commit-ts	无冲突	写成功、读失败	抢到锁的成功
MV2PL 算法	commit-ts	抢到锁的成功	抢到锁的成功	抢到锁的成功

3.7 快照隔离技术

在介绍了 MVCC 和相关并发控制技术以后,我们继续介绍隔离性的实现方式,也就是数据库 ACID 特性中的隔离性(isolation,I)。A、C、D 指代的 3 个特性能改变的内容不多,但是隔离性的实现方式和变化种类很多。

隔离性是指并发事务之间互相不影响,如果并发事务都提交成功,数据库的最终状态应该和并发事务按照某种顺序依次执行后的状态一致。这叫作串行隔离性,是非常狭义的隔离性,不可能完美实现,只能折中实现。因为生产环境本身不需要这么强的隔离性,通过降低隔离性要求,数据库能获得高并发性,这是隔离性和并发性的折中关系。

下面我们从读读、写读、写写、读写 4 个方面来分析要解决的问题。

(1)读读冲突(rr-conflicts)在快照隔离的策略下不存在。

(2)写读冲突(wr-conflicts)表示读到了一个未提交的数据,这也是经典的脏读场景。数据库系统的读已提交(read committed)级别就能解决这个问题,实现方式是使用读排他锁。PostgreSQL 内部使用的锁的情况如表 3-4 所示。

表 3-4 PostgreSQL 内部使用的锁的情况

编号	锁名称	锁用途	锁之间的冲突关系(按编号)
1	AccessShareLock	select 语句会获得锁	8
2	RowShareLock	select for update 或 select for share 语句会获得锁	7|8
3	RowExclusiveLock	insert、update 和 delete 语句会获得锁	5|6|7|8
4	ShareUpdateExclusiveLock	常规 vaccum(非 full)、analyze、create index concurrently 语句会获得锁	4|5|6|7|8
5	ShareLock	create index(非 concurrently)语句会获得锁	3|4|6|7|8
6	ShareRowExclusiveLock	包含 exclusive mode 语句,但是允许 row share 模式的语句获得锁	3|4|5|6|7|8
7	ExclusiveLock	row share 模式的语句,比如 select…for update 语句会获得锁	2|3|4|5|6|7|8
8	AccessExclusiveLock	alter table、drop table、vacuum full 语句会获得锁	1|2|3|4|5|6|7|8

如果是读操作 select 会给对象加上 AccessShareLock,读操作会和最后一个 AccessExclusiveLock 产生冲突关系并互斥。在进行读操作的时候,它会被阻塞直到本事务提交。同时能看到各种锁的用途和冲突关系,粒度被划分得很细,并发度也得到了提高。

（3）写写冲突（ww-conflicts）表示的是一种盲写的形式，叫作更新丢失。按照常规理论，两个并发的写操作事务如果都没有提交，是看不到对方的修改结果的，因此以一个相同的旧数据更新成两种不同的数据，导致最后的提交结果是错误值，丢失了其中一次数据更新。更新丢失问题可以用快照隔离的策略来解决。当然，用两阶段锁也能解决问题，但会带来死锁和并发效率低下的副作用。快照隔离的流行实现方式就是应用MVCC，对同一份数据维护多个版本。事务开始时分配一个时间戳 T_{start}，事务提交时分配一个时间戳 T_{commit}，如果事务提交时在 T_{start} 到 T_{commit} 中间有关注的数据集被修改，事务就要被终止。

（4）读写冲突（rw-conflicts）表示的是并发的事务之间存在依赖关系，事务先读，接着判断，然后写，写入的数据是根据之前读到的数据计算出来的。所以，如果两个并发事务的读写有依赖关系，读出的数据会作为写入数据的前提条件，但在提交之前，如果读入的数据被别的事务修改了，当前的事务并不知道而进行了提交，那么就会产生违反业务逻辑一致性的提交结果。用简短的话描述就是事务提交的写前提被破坏了，导致写入了违反业务逻辑一致性的提交结果。读写冲突的典型场景也叫作写偏序。

快照隔离的策略可解决脏读、不可重复读、幻读的问题，但是解决不了写偏序的问题。写偏序的问题可以用两阶段锁解决，通过锁来保证秩序，但会带来死锁和并发度降低的副作用。可序列化快照隔离算法的出现为解决写偏序问题提供了方向。

3.8　可序列化快照隔离

可序列化快照隔离（serializable snapshot isolation，SSI）算法在 PostgreSQL 9.1 中被引入，目的是实现真正串行化的隔离级别。如图 3-3 所示，算法使用有向图来检查当前事务之间是否存在读写冲突，读写冲突发生的隐含条件就是并发事务之间出现了相互依赖的读写闭环。

检测到闭环以后，为了破除读写冲突，就要终止其中一个事务。实现 SSI 的重要数据结构叫作谓词锁或者预测锁。谓词锁不是传统意义上的锁，不会阻塞操作，而是为了标识每个事务访问的对象，如元组（tuple）、页（page）、关系（relation）等。

谓词锁由一个对象和事务标识组成，表示的是某个事务访问了某个对象。谓词锁的表达方式为"{ tuple | page | relation, { xid [,...] } }"，比如 xid 为 200 的事务访问了 tuple_1，就会创建一个谓词锁"{ tuple_1, { 200 } }"。如果这时候一个 xid 为 201 的事务也访问了 tuple_1，谓词锁就变成"{ tuple_1, { 200,201 } }"。在粒度方面，如果页上的所有元组都被创建了谓词锁，就会释放每个元组的谓词锁，并为该页加上谓词锁"{ page_1, { 200 } }"。对于关系来说，

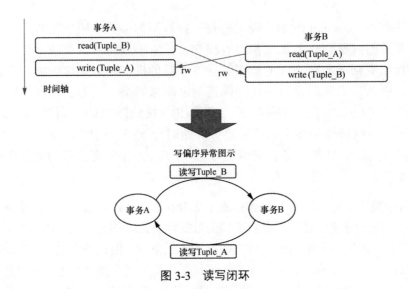

图 3-3 读写闭环

也是相同的操作方式。谓词锁还可以表示操作是读还是写，类似于"{ tuple_1, { r = 200, w = 201 }}"。

在内存数据结构方面的解释大概就是这样，冲突检测函数是 CheckForSerializableConflictIn，如果当前的事务要执行写操作，就会用该函数判断是否存在读写冲突。

用一个简单的例子来说明，如图 3-4 所示。表 "tbl(id INT primary key,flag bool DEFAULT false)" 有 200 条记录，两个事务 Tx_A 和 Tx_B 并发地执行，假设读操作用索引扫描的方式。

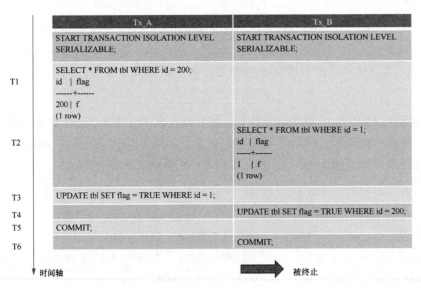

图 3-4 事务执行时序

谓词锁变化时序和谓词锁变化时序关系如图 3-5 和图 3-6 所示。

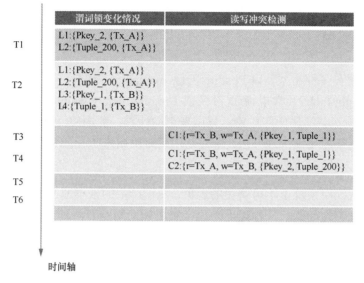

图 3-5　谓词锁变化时序

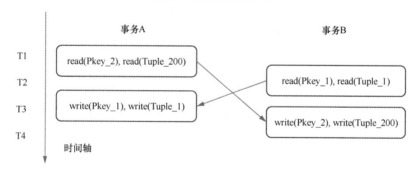

图 3-6　谓词锁变化时序关系

从图 3-5 可以看出谓词锁的变化。从提交 C1 到提交 C2，读写闭环被检测函数检测到，按照 PostgreSQL 的 SSI 策略，先提交的事务"获胜"，后提交的事务被终止。

本节的例子介绍了一个简单地用 SSI 解决写偏序问题的场景。使用 SSI 也存在副作用，因为谓词锁可以加载在元组、页和关系上面，如果是顺序扫描则能定位到元组；如果是索引扫描，谓词锁定位的最小粒度是页，这样的粒度有可能会引起读写冲突误报，即串行化异常误报（false-positive serialization anomalies）。简单来说，一个页上面一定存有多条索引记录，如果正好有两条索引记录对应两个不同事务，误报的可能性就很大。误报的解决方法也不少，比如可以用好的执行计划来避免误报的发生，或者为写写冲突建立额外的表来记录信息[1]，

---

[1] ALAN F, DIMITRIOS L, ELIZABETH O, et al. Making snapshot isolation serializable[J]. ACM Transactions on Database Systems, 2005, 30 (2):492–528.

以防止写偏序异常。

3.9　死锁管理

数据库里的锁有多种类型，以 PostgreSQL/Greenplum 为例，有自旋锁（spin lock）、轻量级锁（light weight lock）、常规锁/重量级锁（regular/heavy weight lock）、谓词锁（siread lock）。其中谓词锁不会锁住任何对象，只用来帮助计算，前面 3 种锁会锁住对象。自旋锁和轻量级锁没有复杂的死锁管理办法，通常是用超时机制来防止死锁。本节后面介绍的死锁管理，主要针对常规锁/重量级锁。

产生死锁是数据库系统里不可避免的现象，死锁产生的根本原因就是并发操作，数据库系统不得不解决死锁的问题。从理论上来说，解决死锁问题有两种策略。

- 预防和避免死锁。
- 检测和解决死锁。

第一种策略需要在设计数据库系统的时候就避免死锁的发生。比如把事务设计成全部串行化处理，这从根本上杜绝了死锁的发生，但是这样的开销太大，完全没有并发吞吐量，没有太大的实用价值。

第二种策略是在生产环境里常用的策略，也就是不主动去避免死锁发生，而是在事务并发执行以后去检测死锁，并且解决死锁。

两种策略分别从主动和被动两个方向管理死锁，后面的内容主要介绍第二种策略的实现细节。被动检测死锁的较基本的方式就是用超时机制。比如在 PostgreSQL 里有以下几个重要参数。

- deadlock_timeout：进行死锁检测之前在一个锁上等待的时间。
- lock_timeout：语句获取数据库对象（表、索引、行）时等待的超时时间。超过这个时间，语句会被终止。
- statement_timeout：语句执行的等待超时时间。执行的时间超过这个时间的语句会被终止。

参数 lock_timeout 存在的原因是想要访问的对象被其他事务加锁，导致当前事务语句的等待，所以这里引出了第二个机制，叫作锁队列。

事务语句访问数据库对象的时候是用进程的方式来访问的，如果一个进程访问对象时失败，也就是获取锁的时候失败，就会被排到锁的等待队列的最后。PostgreSQL 会维护这个锁队列，基本上按照先到先得的原则唤醒队列里排队的进程。

举例说明，如图 3-7 所示，有两个锁——Lock X 和 Lock Y，分别锁住不同对象。有 3 个进程——P1、P2、P3，分别排在 Lock X 和 Lock Y 的锁队列中。

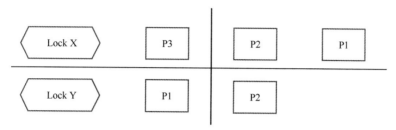

图 3-7　两锁等待邻接链表初始状态

Lock X 的锁队列里，进程 P3 持有 Lock X，进程 P2 排在第二位等待，进程 P1 排在第三位等待。Lock Y 的锁队列里，进程 P1 持有 Lock Y，进程 P2 排在第二位等待。熟悉算法设计的读者应该能看出来，这类似于一个图的邻接链表的表示方式。

进程 P3 的事务执行结束，进程 P2 持有 Lock X，邻接链表改变，如图 3-8 所示。

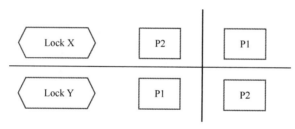

图 3-8　两锁等待邻接链表死锁状态

从图 3-8 能看出，进程 P1 和进程 P2 的事务发生了死锁，它们分别持有了对方想持有的锁。

有了邻接链表的基础，再进一步了解死锁检测里面的 wait-for 图（wait-for graph，WFG）。这是有向图，图的顶点代表进程，图的边代表进程之间的等待关系。有向边总是从持有锁的进程指向等待锁的队列，在等待队列里进程被按照先后顺序插入。

再分享几个关键的数据结构。首先是 LOCK，如代码清单 3-1 所示。

代码清单 3-1　LOCK 数据结构

```
typedef struct LOCK
{
LOCKTAG    tag;
```

```
/* 数据项 */
LOCKMASK    grantMask;
LOCKMASK    waitMask;
SHM_QUEUE procLocks;
PROC_QUEUE waitProcs;
int requested[MAX_LOCKMODES];
int nRequested;
Int granted[MAX_LOCKMODES];
Int nGranted;
Bool holdTillEndXact;
} LOCK;
```

LOCK 结构里面有 "LOCK->procLocks",这是链接当前锁对象所有相关的事务进程的链表,链表存在于共享内存里面。"LOCK->tag" 表示锁的类型。如代码清单 3-2 所示,"PROCLOCK->procLink" 将归属于同一个进程的所有 PROCLOCK 对象链接在一起,后面做死锁检测的时候就会用 procLink 进行深度优先搜索(depth first search,DFS)。

代码清单 3-2　PROCLOCK 数据结构

```
typedef struct PROCLOCK
{
    PROCLOCKTAG tag;

    /* 数据项 */
    PGPROC *groupLeader;
    LOCKMASK holdMask;
    LOCKMASK releaseMask;
    SHM_QUEUE lockLink;
    SHM_QUEUE procLink;
} PROCLOCK;
```

如代码清单 3-3 所示,"PROCLOCK->tag" 里面有事务进程的具体信息。

代码清单 3-3　PROCLOCKTAG 数据结构

```
typedef struct PROCLOCKTAG
{
    LOCK   *myLock;
    PGPROC *myProc;
} PROCLOCKTAG;
```

如代码清单 3-4 所示,EDGE 是在死锁检测时,用来标识硬边(hard edge)和软边(soft edge)相关信息的数据结构。

代码清单 3-4　EDGE 数据结构

```
typedef struct
{
```

```
        PGPROC   *waiter;
        PGPROC   *blocker;
        LOCK     *lock;
        int      pred;
        int      link;
} EDGE;
```

死锁检测会全局性地对各个锁的邻接链表进行深度优先搜索,综合硬边和软边的信息,明确是否会形成环路和死锁,如果检测到死锁就会返回相关的信息。遇到死锁后,使用与 TopoSort 类似的函数对等待队列里的事务进行重排序,以期望重排以后打破死锁。如果排序以后还存在死锁,就会强制进行事务回滚以打破死锁。

代码清单 3-5 所示的 ProcSleep 函数表示,事务进程没取到锁时需要进入睡眠状态。FindLockCycleRecurse 和 FindLockCycleRecurseMember 函数都被上层函数递归调用,通过深度优先搜索的方式找到软边。

代码清单 3-5　死锁检测上层接口函数

```
int ProcSleep(LOCALLOCK *locallock,LockMethod lockMethodTable);
static bool FindLockCycleRecurse(PGPROC *checkProc,
                                 int depth,
                                 EDGE *softEdges,
                                 int *nSoftEdges);
static bool FindLockCycleRecurseMember(PGPROC *checkProc,
                                 PGPROC *checkProcLeader,
                                 int depth,
                                 EDGE *softEdges,
                                 int *nSoftEdges);
static bool TopoSort(LOCK *lock,EDGE *constraints,int nConstraints,PGPROC **ordering);
```

代码清单 3-6 表示在深度优先遍历过程中找到了环,将结果赋值并返回。

代码清单 3-6　死锁检测算法相关逻辑

```
/* 把边加入软边列表*/
Assert(*nSoftEdges < MaxBackends);
softEdges[*nSoftEdges].waiter = checkProcLeader;
softEdges[*nSoftEdges].blocker = leader;
softEdges[*nSoftEdges].lock = lock;
(*nSoftEdges)++; return true;
```

如图 3-9 和图 3-10 中锁等待邻接链表和 WFG 所示,3 把锁对应的对象 X、Y、Z 总共有 4 个事务进程,即 P1、P2、P3、P4,三锁等待邻接链表初始状态如图 3-9 所示。

通过图 3-9,能得到图 3-10 所示的 WFG。

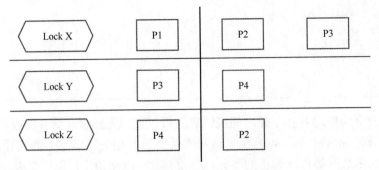

图 3-9　三锁等待邻接链表初始状态

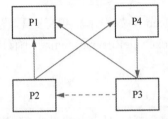

图 3-10　三锁等待 WFG 初始状态

获取对象 X、Y、Z 的分别是 P1、P3、P4，然后 P2 和 P3 事务进程等待 P1 释放 X，P4 事务进程等待 P3 释放 Y，P2 事务进程等待 P4 释放 Z。

图 3-10 所示的 WFG 里面的实线边是硬边，虚线边是软边。如何理解软边？软边表示目前还没有直接的依赖关系，但是后续会形成依赖关系。比如对于图 3-9 中的 P2 和 P3 事务进程，一旦 P1 事务进程释放了对象 X，P2 事务进程会获得对象 X，P3 到 P2 的硬边就形成了，这样一来，P2、P3 和 P4 即构成了一个环路。

按照 PostgreSQL/Greenplum 的死锁检测算法，发现死锁后有一种解决策略是对对象 X 的等待队列进行重排序。比如将 P2 和 P3 在队列里重排列，如图 3-11 所示，这样就能得到图 3-12 所示的 WFG，重排列消除了成环的隐患。

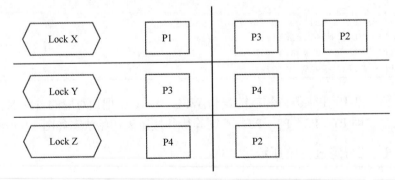

图 3-11　三锁等待邻接链表重排列状态

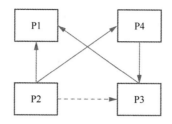

图 3-12 三锁等待 WFG 重排列状态

读者可以从图 3-9 的例子看出软边检测对死锁检测算法的重要性。

Greenplum 是一个分布式数据库,在每个单节点上借用了 PostgreSQL 的死锁检测和管理策略,同时发展出一套自己的全局范围死锁检测(global deadlock detect,GDD)算法。Greenplum 的 GDD 算法需要在每个工作实例上收集本地 WFG,还要构建全局 WFG,全局 WFG 的顶点代表事务,每个顶点有出度和入度,分别表示该顶点输出边的数量和输入边的数量。GDD 算法定义了两种边:一种叫作实边(solid edge),表示必须等待持有锁的事务结束后才能消失的边;另一种叫作加点边(dotted edge),表示持有锁的事务没有结束也可以释放锁的边。

GDD 算法的实现主要分为以下几步:遍历全局 WFG,如果顶点的全局出度为 0,删除顶点和相关的边;遍历全局 WFG,如果顶点的全局入度为 0,删除顶点和相关的边;扫描每个工作实例上的局部 WFG,寻找本地出度为 0 的顶点,删除加点边。循环执行这 3 个步骤,直到没有可以删除的顶点时停止。如果有遗留的边,则表示发生了死锁,措施就是破除闭环。

GDD 算法总体来说是一种贪心策略,寻求的是局部最优解。实际执行时会周期性启动一个 GDD 守护进程去检查边是否合法,以及是否有死锁发生。具体的算法细节可以参考 Greenplum 的源码 GDD 模块的 README 文件和论文[1]"Greenplum: a hybrid database for transactional and analytical workloads"。

3.10 B*树和 LSM 树

本章内容主要是介绍并发控制,并发控制的内容除了涉及操作数据本身,还会涉及索引。本节先介绍数据库的 B*树索引,然后介绍使用 LSM 树(log-structured merge tree)的数据存储方式。

B*树是从 B 树、B+树演化而来的。B 树的另一个名字叫作多路平衡查找树,是为磁盘设备设计的一种平衡查找树。B+树和 B 树类似,也是一种多路平衡查找树,区别是 B+树的

---

1 LYU Z H, ZHANG H H, XIONG G, et al. Greenplum: a hybrid database for transactional and analytical workloads [J]. SIGMOD/PODS '21: International Conference on Management of Data, 2021: 2530-2542.

数据都存在叶子节点上，分支里面都是索引，所以任何关键字的查找都必须从根节点一直扫描到叶子节点，这样一来每次查找的效率差别不大。PostgreSQL/Greenplum 使用的是 Blink 树，它是 B+树的一种变体，也有学者称其为 B*树。Blink 树的概念来自论文[1] "Efficient locking for concurrent operations on B-trees"，Blink 树如图 3-13 所示。为统一名称，本书后面用 B*树来表示 PostgreSQL/Greenplum 使用的 B+树变体。

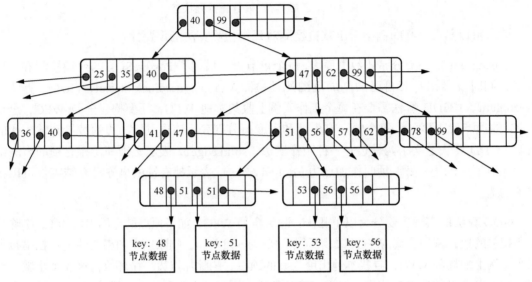

图 3-13　Blink 树

B*树和 B+树的区别在于，B*树使用双向指针指向节点的左右兄弟节点，并在叶子节点和非叶子节点上引入了高键（high key），高键是该节点中最大的键（key）值。为什么要引入这两个结构呢？

第一，在数据库里使用 B+树进行索引，需要有故障恢复的功能。数据库是一个一致性系统，崩溃后必须要能恢复到崩溃前的状态。比如在数据插入或者删除的时候，B+树的叶子节点或者非叶子节点有可能产生分裂。如果产生分裂的过程中，数据库系统崩溃，在预写式日志（write ahead log，WAL）中以页为单位记录的恢复信息可能会出现问题。因为分裂不单是本页数据的改变，还有可能是相邻节点的数据改变，也可能涉及父节点的数据改变。这样的改变必须按照原子操作来实现，如果 WAL 只记录了一部分，恢复数据库的时候，比如使用 WAL，就会产生不一致。所以，PostgreSQL/Greenplum 里的 B*树在工程实现方面需要避免类似的情况发生。具体的细节不再展开介绍，感兴趣的读者可以参考源码（src/backend/access/nbtree/README）中相关的解释和源码实现内容。

---

[1] LEHMAN P L, YAO S B. Efficient locking for concurrent operations on B-trees [J]. ACM Transactions on Database Systems, 1981, 6(4): 650-670.

第二，B*树增加了 B+树的并发能力。如果没有 B*树的高键，对值进行查找的工作效率比较低下；如果没有 B*树指向兄弟节点（右节点）指针的功能，在加锁、解锁方面效率会很低下，并发能力不高。常规的 B+树在读数据时，从根节点开始向下搜索，逐层加访问共享锁、释放访问共享锁，直到找到叶子节点并加访问共享锁；常规的 B+树在写数据时，从根节点开始向下搜索，逐层加排他锁、释放排他锁。这样的操作在并发度高的时候，会在热点的节点附近产生竞争。B*树使用"从左到右，从底向上"的加锁策略。比如对于插入操作，当查询操作下沉时加访问共享锁，找到叶子节点后加排他锁。如果要分裂就向右侧分裂，加排他锁完成新节点的插入，然后给父节点加锁增加索引。这样的策略能提高并发效率，也能避免死锁发生。

B 树在数据库领域具有统治地位，特别是面向以磁盘为介质的存储设备。随着 NoSQL、KV 数据库的流行，新的存储介质，如固态盘（solid state disk，SSD）的出现，LSM 树的数据结构越来越流行。HBase、LevelDB、RocksDB、Apache Cassandra、InfluxDB 等都使用了 LSM 树，算法设计来自 Google 的 Bigtable 论文，引入了排序字符串表（sorted string table，SSTable）和内存表（memtable）等元素。如果硬件系统有不同速度（价格）级别的存储介质，如内存、SSD、磁盘、磁带等，数据插入量大，很适合使用 LSM 树构建的存储结构。

图 3-14 所示的是一个 3 层的 LSM 树结构，每个独立的内容有序的模块称为一个 SStable。SStable 的归并过程可以用树形来表示。单个 SStable 表的大小到达阈值的时候，上一层 SStable 会被归并到下一层 SStable 里面。

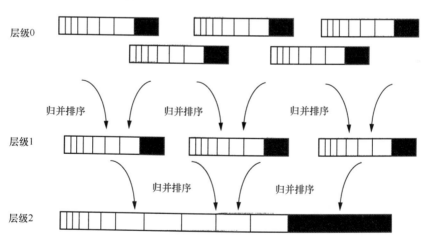

图 3-14　3 层的 LSM 树结构

LSM 树结构的数据库适用于顺序写入的数据形式，和 B 树相比，LSM 树数据顺序写入时对介质的访问更加合理，SSD 介质对于顺序写的性能比随机写的要好。当然，LSM 树也存在写放大、读放大、空间放大的问题，设计一个 LSM 树的数据库要在写放大、读放大、空间放大这 3 点上找到折中，有点类似 CAP 理论的折中取舍。

Part 02

第 2 篇

Greenplum 架构和源码分析

- ◎ 第 4 章　Greenplum 总体架构
- ◎ 第 5 章　分布式事务的实现
- ◎ 第 6 章　分布式计算的实现
- ◎ 第 7 章　分布式存储的实现

第 4 章

Greenplum 总体架构

4.1 概述

本节会先简单介绍 Greenplum 的发展历程,然后介绍 Greenplum 总体架构和相关的模块。

2005 年 Greenplum 的第一个版本发布,它基于开源数据库 PostgreSQL。2010 年 EMC 公司收购了 Greenplum 公司,收购之后该公司做了硬件方面的集成,新产品叫作数据计算设备(data computing appliance,DCA)。直到现在 DCA 产品还在发布,读者可以自行查询。2015 年 Greenplum 开源,开源版本基于 Greenplum 4.3。

在 EMC 公司收购 Greenplum 公司后没几年,一个叫作 Pivotal 的新公司成立。Pivotal 这个名字来自 1989 年罗伯特·米(Robert Mee)创立的 Pivotal Labs,公司主营 Greenplum、Spring、GemFire、PCF 等产品。Pivotal 公司在 2013 年从 EMC 公司分拆出来,继续运营着上面介绍的几个产品。2019 年 Pivotal 公司被 VMware 公司收购,所以现在 Greenplum 又是 VMware 公司的产品。

图 4-1 和图 4-2 展示了当时的 Greenplum 和 DCA 的情况,这些图片都来自 EMC 公司的产品说明书。

从 Greenplum 早期的文档里能看出,这是一个对标 Hadoop MapReduce 的产品。MapReduce 技术作为 Hadoop "三驾马车"之一,在当时有极高的声誉。而且当时也是 Hadoop 盛行的时代,相关产品如 HDFS(Hadoop distributed file system,Hadoop 分布式文件系统)、MapReduce、HBase、Hive 等都引起了人们很大的关注。

4.1 概述

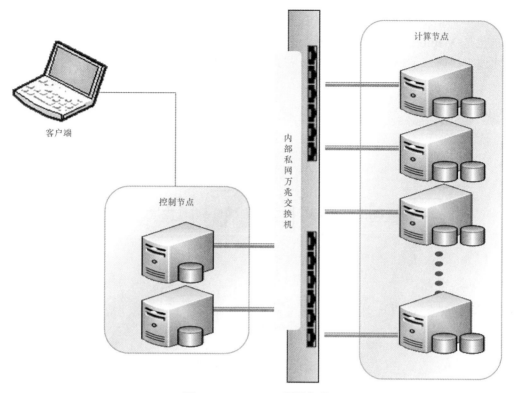

图 4-1 Greenplum 逻辑架构

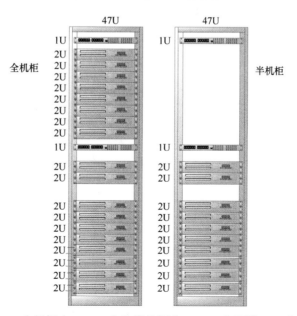

图 4-2 全机柜（full rack）和半机柜（half rack）两种 DCA 机架

如图 4-3 所示，Greenplum 把 SQL 任务分散到各个实例上面运行，然后收集汇总数据，其实这也是 MapReduce 的基本思想。国外的很多高校都把 MapReduce 作为分布式课程的重要主题来讲解。了解 Greenplum 对分布式知识的学习非常有帮助。

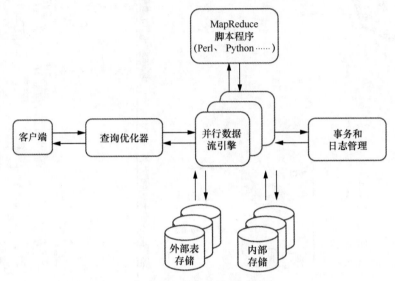

图 4-3　Greenplum 内部逻辑

Greenplum 的生态圈也非常丰富，比如机器学习方面的 MADlib、自然语言处理方面的 GPText、基于位置的服务（location-based service，LBS）应用 PostGIS，当然还有集成接入的各种云平台。

如表 4-1 所示，早期的 Greenplum 有 4 种文档。

表 4-1　Greenplum 的文档

文档名	说明
安装文档（installation guide）	数据库在使用前需要安装部署，需要配置部署的方式和策略等相关信息，硬件产品 DCA 也需要专门部署，所以安装文档很有必要。现在 VMware 的 Greenplum 以全软件的发布方式为主，这个文档已经和使用文档合并了
使用文档（administrator guide）	极全面的文档，目前产品的主要文档都集中在这里
参考文档（reference guide）	包含各种 SQL 命令和语法的使用说明。虽然 Greenplum 是从 PostgreSQL 二次开发而来的，但因为分布式场景和其他限制，有很多不支持的功能，这些功能和限制在参考文档里面有详细的描述和解释
工具文档（utility guide）	包含外部工具的使用说明，比如 gpfdist、gpcheckcat、gpcheckperf 等

4.2 数据库通信协议

数据库是服务端的应用，客户端访问时需要和它进行通信。以 PostgreSQL 为例，常用的客户端有自带的 psql 和 libpq 通信协议库、Java 应用的数据库驱动 Java 数据库互连（Java database connectivity，JDBC）、可视化工具 pgAdmin 等，这些客户端都需要遵守 PostgreSQL 的通信协议才能和服务端通信。协议可以理解为一套信息交互规则或者规范，大家熟知的莫过于传输控制协议/互联网协议（transmission control protocol/internet protocol，TCP/IP）和超文本传送协议（hypertext transfer protocol，HTTP）等。

PostgreSQL 在 TCP/IP 之上实现了一套基于消息的通信协议。PostgreSQL 至今共实现了 3 个版本的通信协议，现在普遍使用的是从 PostgreSQL 7.4 开始使用的 3.0 版本，其他版本的协议依然支持，具体使用哪个版本取决于客户端的选择。无论选择哪个版本，客户端和服务端都需要匹配，否则可能无法正常"交流"。本节介绍 3.0 版本的通信协议。

PostgreSQL 是多进程架构，守护进程 postmaster 为每个连接分配一个后台进程。后台进程的分配在协议解析之前进行，每个后台进程自行负责协议解析。在 PostgreSQL 源码或者文档中，通常认为 backend 和 server 是等价的，都表示服务端；同样，frontend 和 client 是等价的，都表示客户端。

PostgreSQL 通信协议包括两个阶段：启动阶段和常规阶段。在启动阶段，客户端尝试创建连接并发送授权信息，如果一切正常，服务端会反馈状态信息，连接成功创建，随后进入常规阶段。在常规阶段，客户端发送请求至服务端，服务端执行命令并将结果返回给客户端。客户端请求结束后，可以主动发送消息断开连接。在常规阶段客户端可以通过两种子协议来发送请求，分别是简单查询和扩展查询。使用简单查询时，客户端发送字符串文本请求，服务端收到后立即处理并返回结果；使用扩展查询时，发送请求的过程被分为若干步骤来完成。

如图 4-4 所示，消息的第一个字节标识消息类型，随后 4 个字节标识消息内容的长度（该长度包括这 4 个字节本身），具体的消息内容由消息类型决定。

图 4-4　常规消息格式

客户端创建连接时，发送的第一条消息即启动消息（startup 消息）。如图 4-5 所示，它的格式与常规消息格式不同。启动消息没有最开始的消息类型字段，以消息长度开始，随后紧跟协议版本号，然后是键值对形式的连接信息，如用户名、数据库以及其他 GUC 参数和值。

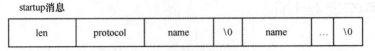

图 4-5　启动消息格式

提示　GUC 是全局用户配置变量（global user configuration）的缩写，用于 Greenplum 设置全局变量或者局部变量。后续的相关内容一律用"GUC"表示。

如代码清单 4-1 所示，PostgreSQL 目前支持如下客户端消息类型。

代码清单 4-1　PostgreSQL 消息类型

```
case 'Q':           /* 简单查询 */
case 'P':           /* 解析 */
case 'B':           /* 绑定操作 */
case 'E':           /* 执行 */
case 'F':           /* 快速路径函数调用 */
case 'C':           /* 关闭 */
case 'D':
case 'H':
case 'S':
case 'X':
case EOF:
case 'd':           /* 数据复制 */
case 'c':           /* 数据复制结束 */
case 'f':           /* 数据复制失败 */
```

如代码清单 4-2 所示，Greenplum 增加了几个消息类型。

代码清单 4-2　Greenplum 消息类型

```
case 'M':           /* 从 master 实例的 MPP 分发 */
case 'T':           /* 从 master 实例的 MPP 分发 DTX 协议 */
```

提示　DTX 是分布式事务（Distributed Transaction-eXtended）的缩写。

如代码清单 4-3 所示，服务端发送给客户端的消息有如下类型（不完全）。

代码清单 4-3　服务端返回的消息类型

```
case 'C':           /* 命令结束 */
case 'E':           /* 错误返回 */
case 'Z':           /* 后端准备好接收新消息 */
case 'I':           /* 空消息 */
case '1':           /* 解析完成 */
case '2':           /* 绑定操作完成 */
case '3':           /* 关闭完成 */
```

```
case 'S':              /* 参数状态 */
case 'K':
case 'T':              /* 行描述 */
case 'n':              /* 空数据 */
case 't':              /* 参数描述 */
case 'D':
case 'G':
case 'H':
case 'W':
case 'd':
case 'c':
case 'R':
```

消息通信的过程有启动阶段和常规阶段，取消请求可以在任何阶段发送。在常规阶段除了发送常规消息，还可以发送扩展请求消息。

4.2.1 启动阶段

启动阶段是客户端和服务端创建连接的阶段。启动阶段消息流如图 4-6 所示。

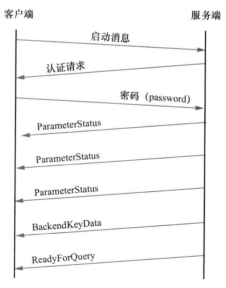

图 4-6 启动阶段消息流

客户端首先发送启动消息至服务端，服务端判断是否需要授权信息，若需要则发送认证请求。客户端随后发送密码（password）至服务端，权限验证后服务端给客户端发送一些参数信息（ParameterStatus），包括服务端版本、客户端编码方式等。最后，服务端发送一条可以接收查询请求（ReadyForQuery）消息告知客户端一切就绪，可以发送请求了。至此，连接创建成功。

在启动阶段，服务端还会给客户端发送一条服务端密码数据（BackendKeyData）消息，该消息中包含服务端的进程标识和一个取消码（MyCancelKey）。客户端可以利用这些消息，取消当前执行的请求。

4.2.2 取消请求

如图 4-7 所示，取消请求并不是通过当前正在处理请求的连接发送的，而是会创建一个新的连接，创建该连接发送的消息与之前创建连接发送的消息不同，不再发送启动消息，而是发送取消请求消息，该消息同样没有消息类型字段。

图 4-7 取消请求消息格式

因为该消息是异步发送的，取消请求不保证一定成功。如果当前请求被取消，客户端会收到一条错误消息。

4.2.3 常规阶段

连接创建后，通信协议进入常规阶段。如图 4-8 所示，该阶段各种消息的格式包含客户端发送查询请求的消息格式，服务端接收请求、处理请求并将结果返回给客户端的消息格式。该阶段有两种协议——简单查询协议和扩展查询协议，本节主要介绍简单查询协议。

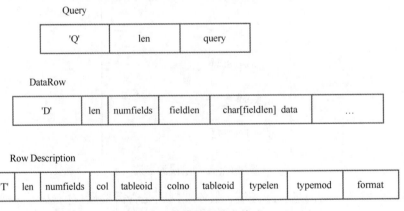

图 4-8 常规阶段消息格式

每条命令的结果发送完成之后，服务端会发送一条命令结束（CommandComplete）消息，表示当前命令执行完成。客户端的一条查询请求可能包含多条 SQL 命令，每条 SQL 命令执行完之后服务端都会回复一条 CommandComplete 消息。查询请求执行结束后服务端会回复一条

ReadyForQuery 消息，告知客户端可以发送新的请求，消息流如图 4-9 所示。

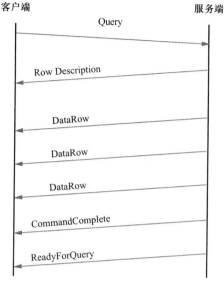

图 4-9 常规阶段消息流

这里需要注意，一个请求中的多条 SQL 命令会被当作一个事务来执行。如果用户在 SQL 语句中有显式的 begin 和 commit 关键字，可将一个请求划分为多个事务，以避免失败的事务全部回滚。显式添加事务控制语句的方式无法避免请求有语法错误的情况，如果请求有语法错误，整个请求都不会被执行。

ReadyForQuery 消息会反馈当前事务的执行状态，客户端可以根据事务状态做相应的处理，如代码清单 4-4 所示，目前有 3 种事务状态。

代码清单 4-4　ReadyForQuery 消息的事务状态

```
'I';        /* 空闲状态 */
'T';        /* 事务执行中 */
'E';        /* 事务执行失败 */
```

用进程工具查看 Greenplum 进程状态，就会看到类似代码清单 4-4 的状态信息。

扩展查询协议将以上简单查询的处理流程分为若干步骤，每一步都由单独的服务端消息进行确认。该协议可以使用服务端的 Perpared Statement（预备指令）功能，即先发送一条参数化 SQL 命令，服务端收到 SQL 命令之后对其进行解析、重写并保存，这里保存的 Prepared Statement 可以被复用。当服务端执行 SQL 命令时，服务端直接获取事先保存的 Prepared Statement 生成计划并执行，从而避免对同类型 SQL 命令进行重复解析和重写，如代码清单 4-5 所示。

代码清单 4-5　Prepared Statement

```
prepare usrrptplan (int) AS
    select * from users u,logs l where u.usrid=$1 and u.usrid=l.usrid
    and l.date = $2;
execute usrrptplan(1,current_date);
execute usrrptplan(2,current_date);
```

扩展查询协议通过使用服务端的 Prepared Statement，提升同类 SQL 命令多次执行的效率。但与简单查询相比，其不允许在一个请求中包含多条 SQL 命令，否则会报语法错误。

扩展查询协议通常包括 5 个步骤，分别是解析、绑定、描述、执行和同步，这里不再一一展开介绍，感兴趣的读者可以查阅相关文档。

本节简要介绍了 PostgreSQL 通信协议，包括消息格式、消息类型和常见通信过程的消息流。在 PostgreSQL 通信协议中，还有一些其他的子协议，如 COPY 子协议、主备流复制子协议，限于篇幅，本书不再给出详尽的描述。

4.3　Greenplum 的架构和核心引擎

本节会先整体介绍 Greenplum 的架构，包括逻辑架构和物理架构（线程模型）。然后介绍 Greenplum 的核心基础设施，包括 Interconnect、gang 和 slice。这些基础设施是后续介绍的分布式事务和分布式计算的基础。

Motion 是 Greenplum 里的特殊算子，用于分布式的计算和结果汇总。Orca 是 Greenplum 里的一种优化器，用于产生执行计划。后续会介绍 Motion 和 Orca。

4.3.1　Greenplum 主要模块介绍

首先从进程的角度介绍 Greenplum 有哪些进程，以及每个进程的作用，然后从逻辑角度介绍 master 实例和 segment 实例上面的重要逻辑模块。Greenplum 集群的实例类型分为 master 实例和 segment 实例两种。master 实例负责响应客户端的请求、生成执行计划、汇总信息等。segment 实例负责具体的执行操作，又分为 primary 和 mirror 两种角色。另外，QD 是 query dispatcher（查询分配器）的缩写，QE 是 query executor（查询执行器）的缩写，后续内容统一用 QD 和 QE 来描述。master 实例上会完成 QD 的工作，segment 实例上会完成 QE 的工作。

1. 进程信息

图 4-10 所示是一个有 3 个 segment 实例的 Greenplum 集群的 master 实例进程组。多数

进程和 PostgreSQL 数据库的进程是一致的，这里重点解释与 Greenplum 相关的进程。

```
[root@localhost ~]# ps -ef |grep 15432
gpadmin   4759     1  0 Dec18 ?        00:00:00 /home/gpadmin/gpdb.master.5/bin/postgres -D /home/gpadmin/
gpdb-5X_STABLE/gpAux/gpdemo/datadirs/qddir/demoDataDir-1 -p 15432 --gp_dbid=1 --gp_num_contents_in_cluster=3
--silent-mode=true -i -M master --gp_contentid=-1 -x 0 -E
gpadmin   4760  4759  0 Dec18 ?        00:00:03 postgres: 15432, master logger process
gpadmin   4763  4759  0 Dec18 ?        00:00:02 postgres: 15432, stats collector process
gpadmin   4764  4759  0 Dec18 ?        00:00:15 postgres: 15432, writer process
gpadmin   4765  4759  0 Dec18 ?        00:00:03 postgres: 15432, checkpointer process
gpadmin   4766  4759  0 Dec18 ?        00:00:01 postgres: 15432, seqserver process
gpadmin   4767  4759  0 Dec18 ?        00:00:09 postgres: 15432, ftsprobe process
gpadmin   4768  4759  0 Dec18 ?        00:00:04 postgres: 15432, sweeper process
gpadmin   4769  4759  0 Dec18 ?        00:00:13 postgres: 15432, wal writer process
```

图 4-10　master 实例进程组

seqserver 进程即产生序列号的进程，也叫作序列生成器（sequence generator）。Greenplum 是分布式架构的集群，所以需要一个统一的中心节点来维护序列号生成的唯一性。其作用类似于行数据生成时的自增键的作用。

ftsprobe 进程（FTS）是 Greenplum 里面的重要模块。FTS 是一个无限循环程序，按照固定的周期休眠。循环时会用 TCP 连接去探测 primary 角色，然后把收集到的信息填到系统表 gp_segment_configuration 里面。

sweeper 进程是为资源队列（resource queue）服务的，搜集每个查询在 segment 实例上启动的 backend 进程的 CPU 使用率，用这些参数来做资源隔离和分配。

图 4-11 所示是 primary 角色的进程结构。除了之前提到的进程，还多了 primary 进程、primary receiver ack 进程、primary sender 进程、primary consumer ack 进程、primary recovery 进程。这几个进程与 primary 角色和 mirror 角色的同步和切换等操作相关，简单来说是用于主从协调的。

```
[root@localhost ~]# ps -ef |grep 25432
gpadmin   4664     1  0 Dec18 ?        00:00:03 /home/gpadmin/gpdb.master.5/bin/postgres -D /home/gpadmin/
gpdb-5X_STABLE/gpAux/gpdemo/datadirs/dbfast1/demoDataDir0 -p 25432 --gp_dbid=2 --gp_num_contents_in_cluster=3
--silent-mode=true -i -M quiescent --gp_contentid=0
gpadmin   4673  4664  0 Dec18 ?        00:00:04 postgres: 25432, logger process
gpadmin   4697  4664  0 Dec18 ?        00:00:03 postgres: 25432, primary process
gpadmin   4723  4697  0 Dec18 ?        00:00:00 postgres: 25432, primary receiver ack process
gpadmin   4724  4697  0 Dec18 ?        00:00:00 postgres: 25432, primary sender process
gpadmin   4725  4697  0 Dec18 ?        00:00:00 postgres: 25432, primary consumer ack process
gpadmin   4726  4697  0 Dec18 ?        00:00:50 postgres: 25432, primary recovery process
gpadmin   4739  4664  0 Dec18 ?        00:00:02 postgres: 25432, stats collector process
gpadmin   4740  4664  0 Dec18 ?        00:00:15 postgres: 25432, writer process
gpadmin   4741  4664  0 Dec18 ?        00:00:04 postgres: 25432, checkpointer process
gpadmin   4742  4664  0 Dec18 ?        00:00:05 postgres: 25432, sweeper process
gpadmin   4743  4664  0 Dec18 ?        00:00:13 postgres: 25432, wal writer process
```

图 4-11　primary 角色的进程结构

图 4-12 所示是 mirror 角色的进程结构。mirror 角色的主要工作是同步来自 primary 角色的数据，所以进程结构比较简单。

```
[root@localhost ~]# ps -ef |grep 25435
gpadmin   4667     1  0 Dec18 ?        00:00:00 /home/gpadmin/gpdb.master.5/bin/postgres -D /home/gpadmin/
gpdb-5X_STABLE/gpAux/gpdemo/datadirs/dbfast_mirror1/demoDataDir0 -p 25435 --gp_dbid=5
--gp_num_contents_in_cluster=3 --silent-mode=true -i -M quiescent --gp_contentid=0
gpadmin   4672  4667  0 Dec18 ?        00:00:03 postgres: 25435, logger process
gpadmin   4698  4667  0 Dec18 ?        00:00:03 postgres: 25435, mirror process
gpadmin   4708  4698  0 Dec18 ?        00:00:00 postgres: 25435, mirror receiver process
gpadmin   4711  4698  0 Dec18 ?        00:00:00 postgres: 25435, mirror consumer process
gpadmin   4714  4698  0 Dec18 ?        00:00:00 postgres: 25435, mirror consumer writer process
gpadmin   4718  4698  0 Dec18 ?        00:00:00 postgres: 25435, mirror consumer append only process
gpadmin   4720  4698  0 Dec18 ?        00:00:00 postgres: 25435, mirror sender ack process
```

图 4-12　mirror 角色的进程结构

2. 逻辑结构

Greenplum 的整体逻辑结构[1]如图 4-13 所示。master 主机上面 QD 相关的模块接收来自客户端的查询语句，进行词法、语法、语义解析，生成抽象语法树。QD 接收抽象语法树进行优化，生成执行计划。执行计划被分发到各个 QE 上，QE 解析执行计划为后续的执行操作创建环境和内存对象。随后，执行计划在 QE 上被执行。Interconnect 被用于在各个模块之间交互数据。master 实例和 segment 实例都有系统表，上面存储了各种元数据。master 实例上的分布式事务管理与全局分布式事务相对应，每个 segment 实例也有自己的事务管理。

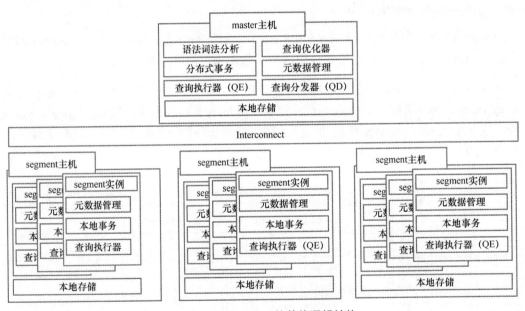

图 4-13　Greenplum 的整体逻辑结构

4.3.2　通用场景

本节介绍 Greenplum 的通用应用场景。图 4-14 所示的内容是从会议论文"Greenplum:A

1　冯雷，姚延栋，高小明，杨瑜. Greenplum: 从大数据战略到实现[M]. 北京: 机械工业出版社, 2019:86-97.

Hybrid Database for Transactional and Analytical Workloads"摘录下来描述应用场景的。

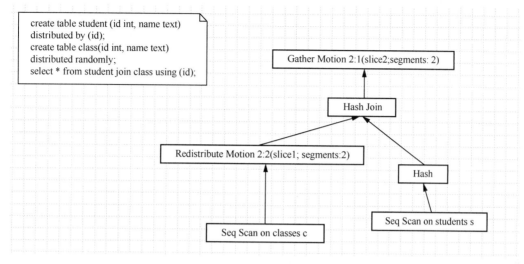

图 4-14　Greenplum 的通用应用场景

图 4-14 所示的场景里面创建了两张表，即 student 和 class。student 表的分布键是 id，class 表是随机分布的。最后将 student 表和 class 表按照 id 做关联（join）操作，也就是图中的哈希关联（Hash Join）操作。

因为 MPP 数据库的数据是按照分布键分布在不同 segment 实例上的，所以在做关联操作的时候，数据需要被重新分布到对应的 segment 实例上再做关联操作。关联操作只针对整个大表的部分数据，操作完成后会被 Gather Motion（聚合汇总操作）聚合到一起，发送给客户端。

图 4-14 所示的集群里有两个 segment 实例，数据在重分布环节被重分布了，重分布后的数据在各自的 segment 实例上面做关联操作，最后进行 Gather Motion 聚合。

图 4-14 所示是一个经典的 Greenplum 应用场景。设想 student 和 class 这两张表都有大量的数据，把计算任务分散到多个 segment 实例上去执行，会比在单个机器上执行快很多倍。Greenplum 为了实现这个目标，在计算、网络和存储方面实现了很多新功能。

对于分布式数据库本身，Greenplum 实现了两阶段提交和分布式事务。为了配合使用 PostgreSQL 的已有功能，Greenplum 实现了分布式快照，其基本沿用了 PostgreSQL 的计算架构，同时作为数据库的核心模块优化器，Greenplum 一方面引入了 Orca 优化器，一方面对 PostgreSQL 的 Legacy 优化器做了并行化处理。Orca 优化器的相关信息可以参考相关的源码和文献，本书也做了简要介绍。Legacy 优化器对单机执行计划做了并行化处理，根据单机执行计划里的子查询做了优化。如图 4-15 所示，Legacy 优化器会根据表的数据分布判断如何添加 Motion 节点，函数 cdbparallelize 会对多个子查询的关系进行处理。

```
exec_simple_query
    -> pg_plan_queries
        -> pg_plan_query
            -> planner
                -> standard_planner
                    -> subquery_planner    // subquery_planner会被递归调用，用于处理查询表达式里面的子查询节点
                    -> cdbparallelize      // Greenplum二次开发后增加的逻辑
```

图 4-15　Greenplum 优化器函数调用顺序

在网络方面，Greenplum 发明了 Interconnect 来处理数据的分发工作；在存储方面，有来自 PostgreSQL 的堆表（heap 表）的存储方式，有 Greenplum 自创的 append-only 表的存储方式，有 append-only 列表的存储方式（压缩或者不压缩），还有各种外部表的存储方式，如 HDFS、S3 等。

4.3.3　Interconnect 模块

Interconnect 是 Greenplum 里面非常重要的基础设施，也可以把它看成 MPP 数据库重要的基础设施。为什么说它有这么高的重要性呢？因为这个基础设施具有通用性，可以在有类似场景的所有 MPP 数据库里使用，具有通用性的东西通常也一定会是关键的基础设施。Interconnect 解决的主要问题是如何在 MPP 数据库内部进行数据交换。

假设，我们有一个包含 x 个 segment 实例的 MPP 数据库，某一个查询产生了 y 个 slice。如果遇到了一个哈希重分布的算子，x 个实例之间就都需要交互数据。那每一个实例就需要占用 $x \times y$ 个端口。假设 y 为 16，x 为 64。这个查询就会占用 $x \times y = 16 \times 64 = 1024$ 个端口。64 个 SQL 并发查询就会导致资源耗尽，这样的负荷对于操作系统来说是非常大的资源消耗。所以在这样的情况下，TCP 肯定不是最好的选择。Greenplum 团队开发了一套基于用户数据报协议（user datagram protocol，UDP）的带有流量控制的用户数据报协议（user datagram protocol interconnect with flow control，UDPIFC），底层用 UDP 实现并具有 TCP 的流量控制（flow control）等功能。

使用 UDP 的好处是没有连接的报文。某一个查询运行的时候，一个实例只需要打开两个端口，解决了之前 TCP 带来的资源耗尽的问题。UDP 本身是不可靠的，所以 UDPIFC 就要在应用层解决 UDP 不可靠的问题。UDPIFC 是 Greenplum 自己实现的一种可靠用户数据报协议（reliable user datagram protocd，RUDP），基于 UDP 开发，为了支持传输可靠性，实现了乱序处理、重传处理、不匹配处理、流量控制等功能。Greenplum 当初引入 UDPIFC 主要是为了解决复杂 OLAP 查询在大集群中使用连接数过多的问题。

后续接着分析 Interconnect 的架构，以及 UDPIFC 的背景和 QUIC 与 Interconnect 的关系。

1. RUDP 简介

前文解释了为什么要使用 UDPIFC。在业界，有关 TCP 协议的缺点和如何使用 UDP 解决相关问题的讨论也很多，RUDP 被用来取代 TCP 的功能就是其中一类问题，而 UDPIFC 就是一种 RUDP。

从本质上来说就是要在应用层的辅助下实现可靠的 UDP 报文通路。这个技术的"痛点"和解决思路已经有很多人发现并提出来，比如后面要介绍的基于 UDP 的低时延互联网传输协议（quick UDP internet connection，QUIC）就是其中的一种解决方法。

> **提示** UDPIFC 是 Greenplum 自己实现的一种 RUDP，可用于解决很多关键问题，业界也有类似的方案，比如 QUIC。Google 和 Facebook（已更名为 Meta）公司都有针对 QUIC 的具体实现。如果未来 Greenplum 能够把 Interconnect 的底层协议从 UDPIFC 换成 QUIC，就能为 Greenplum 变为云原生数据库奠定良好的基础。

2. 情景分析

（1）情景概述。

Interconnect 在 Greenplum 里面的逻辑很清晰。从获取执行计划、Interconnect 做初始化处理，到 Motion 算子的内部函数开始发送数据，再到图 4-17 所示的 rxThreadFunc 线程函数接收来自其他实例的元组数据，最后通过共享内存将其发给父进程。整个流程和标准的网络服务器的数据处理流程类似，有网络服务器开发经验的读者应该容易理解。Interconnect 关键代码的功能介绍如表 4-2 所示。

表 4-2 Interconnect 关键代码的功能介绍

代码	功能
ic_common.c	为调用者提供封装好的接口函数
cdbMotion.c	对 Motion 算子的一些功能函数的封装
htupfifo.c、tupchunklist.c、tupleremap.c、tupser.c	工具函数的封装
ic_tcp.c	Interconnect 使用 TCP 的函数实现
ic_udpifc.c	Interconnect 使用 UDPIFC 的函数实现

（2）初始化。

如图 4-16 所示，初始化工作是从 ExecutorStart 函数调用过来的，startOutgoingUDPConnections 和 setupOutgoingUDPConnection 做了大部分的初始化工作，包括发送和接收的工作。

```
(gdb) b setupOutgoingUDPConnection
Breakpoint 1 at 0xac0fbb: file ic_udpifc.c, line 2746.
(gdb) b startOutgoingUDPConnections
Breakpoint 2 at 0xac0a11: file ic_udpifc.c, line 2613.
(gdb) c
Continuing.

Breakpoint 2, startOutgoingUDPConnections (transportStates=0x251ada0, sendSlice=0x240e028, pOutgoingCount=0x7ffdc54e2758) at ic_udpifc.c:2613
2613            *pOutgoingCount = 0;
(gdb) bt
#0  startOutgoingUDPConnections (transportStates=0x251ada0, sendSlice=0x240e028, pOutgoingCount=0x7ffdc54e2758) at ic_udpifc.c:2613
#1  0x0000000000ac22f0 in SetupUDPIFCInterconnect_Internal (estate=0x251a968) at ic_udpifc.c:3136
#2  0x0000000000ac254d in SetupUDPIFCInterconnect (estate=0x251a968) at ic_udpifc.c:3201
#3  0x0000000000ab47ff in SetupInterconnect (estate=0x251a968) at ic_common.c:656
#4  0x00000000006f0c7b in ExecutorStart (queryDesc=0x240f358, eflags=0) at execMain.c:521
#5  0x0000000008f1906 in PortalStart (portal=0x2518948, params=0x0, snapshot=0x0, seqServerHost=0x23fb0af "127.0.0.1", seqServerPort=52148, ddesc=0x240dc68)
    at pquery.c:738
#6  0x0000000008e96e0 in exec_mpp_query (query_string=0x23faf56 "select * from t2;", serializedQuerytree=0x0, serializedQuerytreelen=0,
    serializedPlantree=0x23faf68 "w\002", serializedPlantreelen=207, serializedParams=0x0, serializedParamslen=0,
    serializedQueryDispatchDesc=0x23fb037 <incomplete sequence \332>, serializedQueryDispatchDesclen=120, seqServerHost=0x23fb0af "127.0.0.1", seqServerPort=52148,
    localSlice=1) at postgres.c:1327
#7  0x0000000008ef718 in PostgresMain (argc=1, argv=0x24014a8, dbname=0x2401408 "postgres", username=0x24013c8 "gpadmin") at postgres.c:5159
#8  0x0000000000882323 in BackendRun (port=0x24118e0) at postmaster.c:6733
#9  0x0000000000888l9af in BackendStartup (port=0x24118e0) at postmaster.c:6407
#10 0x000000000087a7e1 in ServerLoop () at postmaster.c:2444
#11 0x00000000008790ea in PostmasterMain (argc=12, argv=0x23d85a0) at postmaster.c:1528
#12 0x0000000000791ba9 in main (argc=12, argv=0x23d85a0) at main.c:206
(gdb) c
Continuing.

Breakpoint 1, setupOutgoingUDPConnection (transportStates=0x251ada0, pEntry=0x251e9a8, conn=0x251aea0) at ic_udpifc.c:2746
2746        CdbProcess            *cdbProc = conn->cdbProc;
(gdb) bt
#0  setupOutgoingUDPConnection (transportStates=0x251ada0, pEntry=0x251e9a8, conn=0x251aea0) at ic_udpifc.c:2746
#1  0x0000000000ac2356 in SetupUDPIFCInterconnect_Internal (estate=0x251a968) at ic_udpifc.c:3145
#2  0x0000000000ac254d in SetupUDPIFCInterconnect (estate=0x251a968) at ic_udpifc.c:3201
#3  0x0000000000ab47ff in SetupInterconnect (estate=0x251a968) at ic_common.c:656
#4  0x00000000006f0c7b in ExecutorStart (queryDesc=0x240f358, eflags=0) at execMain.c:521
#5  0x0000000008f1906 in PortalStart (portal=0x2518948, params=0x0, snapshot=0x0, seqServerHost=0x23fb0af "127.0.0.1", seqServerPort=52148, ddesc=0x240dc68)
    at pquery.c:738
#6  0x0000000008e96e0 in exec_mpp_query (query_string=0x23faf56 "select * from t2;", serializedQuerytree=0x0, serializedQuerytreelen=0,
    serializedPlantree=0x23faf68 "w\002", serializedPlantreelen=207, serializedParams=0x0, serializedParamslen=0,
    serializedQueryDispatchDesc=0x23fb037 <incomplete sequence \332>, serializedQueryDispatchDesclen=120, seqServerHost=0x23fb0af "127.0.0.1", seqServerPort=52148,
    localSlice=1) at postgres.c:1327
#7  0x0000000008ef718 in PostgresMain (argc=1, argv=0x24014a8, dbname=0x2401408 "postgres", username=0x24013c8 "gpadmin") at postgres.c:5159
#8  0x0000000000882323 in BackendRun (port=0x24118e0) at postmaster.c:6733
#9  0x0000000000888l9af in BackendStartup (port=0x24118e0) at postmaster.c:6407
#10 0x000000000087a7e1 in ServerLoop () at postmaster.c:2444
#11 0x00000000008790ea in PostmasterMain (argc=12, argv=0x23d85a0) at postmaster.c:1528
#12 0x0000000000791ba9 in main (argc=12, argv=0x23d85a0) at main.c:206
(gdb) c
Continuing.
```

图 4-16 Interconnect 初始化

（3）接收数据。

如图 4-17 所示，接收数据主要在一个子线程函数 rxThreadFunc 内进行。

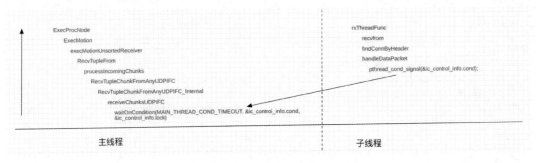

图 4-17 Interconnect 接收线程逻辑

如代码清单 4-6 和图 4-17 所示，接收子线程和 QE（QD）的主线程通过 pthread 函数库的锁（ic_control_info.lock）和信号（ic_control_info.cond）来通信。

代码清单 4-6　getRxbuffer 函数

```
pthread_attr_init(&t_atts);
pthread_attr_setstacksize(&t_atts,Max(PTHREAD_STACK_MIN,(128*1024)));
pthread_err = pthread_create(&ic_control_info.threadHandle,&t_atts,rxThreadFunc,NULL);
pthread_attr_destroy(&t_atts);
ic_control_info.threadCreated = true;
return;
```

图 4-18 所示的程序流程是一个典型的 poll 函数网络服务端结构，收到数据后根据连接调用 handleDataPacket，然后通过 sendAckWithParam 发送肯定应答（acknowledgement，ACK）等消息给发送端。

如代码清单 4-7 所示，对于关键的内存数据的访问，用 ic_control_info.lock 加锁和主线程做互斥。

```
rxThreadFunc
    -> getRxBuffer
    -> poll(&nfd, 1, RX_THREAD_POLL_TIMEOUT);
    -> recvfrom
    -> findConnByHeader
    -> handleDataPacket
    -> sendAckWithParam
    -> freeRxBuffer
```

图 4-18　Interconnect 接收线程函数调用关系

代码清单 4-7　handleDataPacket 函数片段

```
if (pkt == NULL)
{
    pthread_mutex_lock(&ic_control_info.lock);
    pkt = getRxBuffer(&rx_buffer_pool);
    pthread_mutex_unlock(&ic_control_info.lock);
    if (pkt == NULL)
    {
        setRxThreadError(ENOMEM);
        continue;
    }
}
```

如代码清单 4-8 所示，在 handleDataPacket 函数的最后 WaitOnCondition 实现了一个唤醒操作，用来唤醒主线程，等待代码清单 4-8 的 ic_control_info.cond，这个条件变量的 QE 主线程即可被唤醒。

代码清单 4-8　Interconnect 线程间通信

```
/* 唤醒主线程 */
pthread_cond_signal(&ic_control_info.cond);

/* 等待数据准备就绪 */
if (waitOnCondition(MAIN_THREAD_COND_TIMEOUT,&ic_control_info.cond,&ic_control_info.lock))
{
    continue; /* 成功！*/
}
```

图 4-19 所示的是来自 QD 的函数栈信息，通过一个简单的 select * 表达式，QD 可从各

个 QE 处获取数据，然后汇总发给 psql 客户端。

```
(gdb) b receiveChunksUDPIFC
Breakpoint 1 at 0xac37a3: file ic_udpifc.c, line 3657.
(gdb) c
Continuing.

Breakpoint 1, receiveChunksUDPIFC (pTransportStates=0x211eaf0, pEntry=0x212f6c8, motNodeID=1, srcRoute=0x7ffd63018810, conn=0x0) at
ic_udpifc.c:3657
3657            int             retries = 0;
(gdb) bt
#0  receiveChunksUDPIFC (pTransportStates=0x211eaf0, pEntry=0x212f6c8, motNodeID=1, srcRoute=0x7ffd63018810, conn=0x0) at ic_udpifc.c:3657
#1  0x0000000000ac3dc3 in RecvTupleChunkFromAnyUDPIFC_Internal (mlStates=0x2104808, transportStates=0x211eaf0, motNodeID=1,
srcRoute=0x7ffd63018810)
    at ic_udpifc.c:3835
#2  0x0000000000ac3e7e in RecvTupleChunkFromAnyUDPIFC (mlStates=0x2104808, transportStates=0x211eaf0, motNodeID=1, srcRoute=0x7ffd63018810)
    at ic_udpifc.c:3856
#3  0x0000000000aaf8b4 in processIncomingChunks (mlStates=0x2104808, transportStates=0x211eaf0, pMNEntry=0x2104c28, motNodeID=1, srcRoute=-100)
    at cdbmotion.c:748
#4  0x0000000000aaf7b4 in RecvTupleFrom (mlStates=0x2104808, transportStates=0x211eaf0, motNodeID=1, tup_i=0x7ffd630188d0, srcRoute=-100)
    at cdbmotion.c:674
#5  0x000000000073cc2f in execMotionUnsortedReceiver (node=0x2102fe8) at nodeMotion.c:401
#6  0x000000000073c7e8 in ExecMotion (node=0x2102fe8) at nodeMotion.c:228
#7  0x00000000006fc3fe in ExecProcNode (node=0x2102fe8) at execProcnode.c:1060
#8  0x00000000006f5105 in ExecutePlan (estate=0x21027e8, planstate=0x2102fe8, operation=CMD_SELECT, numberTuples=0,
direction=ForwardScanDirection,
    dest=0x20fba20) at execMain.c:2900
#9  0x00000000006f17d1 in ExecutorRun (queryDesc=0x21024f8, direction=ForwardScanDirection, count=0) at execMain.c:912
#10 0x000000000008f23f2 in PortalRunSelect (portal=0x1f9aff8, forward=1 '\001', count=0, dest=0x20fba20) at pquery.c:1164
#11 0x00000000008f1fec in PortalRun (portal=0x1f9aff8, count=9223372036854775807, isTopLevel=1 '\001', dest=0x20fba20, altdest=0x20fba20,
    completionTag=0x7ffd63018f00 "") at pquery.c:985
#12 0x00000000008ea497 in exec_simple_query (query_string=0x2032968 "select * from t1;", seqServerHost=0x0, seqServerPort=-1) at postgres.c:1776
#13 0x00000000008eef8d in PostgresMain (argc=1, argv=0x1f95c90, dbname=0x1f95ac8 "postgres", username=0x1f95a88 "gpadmin") at postgres.c:4975
#14 0x0000000000882323 in BackendRun (port=0x1fa61f0) at postmaster.c:6733
#15 0x00000000008819af in BackendStartup (port=0x1fa61f0) at postmaster.c:6407
#16 0x0000000000087a7e1 in ServerLoop () at postmaster.c:2444
#17 0x00000000008790ea in PostmasterMain (argc=15, argv=0x1f6ce30) at postmaster.c:1528
#18 0x0000000000791ba9 in main (argc=15, argv=0x1f6ce30) at main.c:206
(gdb)
```

图 4-19　QD 节点 Interconnect 接收线程函数调用关系

除 QD 以外，QE 之间也有数据交互。图 4-20 所示的函数栈来自一个 QE 的主线程，当前的查询里含有一个哈希重分布的 Motion，所以当前 QE 的主线程会从其他 QE 的发送端收到元组，最后发给上层函数使用。

```
(gdb) b RecvTupleChunk
Breakpoint 2 at 0xab2f60: file ic_common.c, line 101.
(gdb) c
Continuing.

Breakpoint 2, RecvTupleChunk (conn=0x253d4d8, transportStates=0x253d420) at ic_common.c:101
101             TupleChunkListItem firstTcItem = NULL;
(gdb) bt
#0  RecvTupleChunk (conn=0x253d4d8, transportStates=0x253d420) at ic_common.c:101
#1  0x0000000000ac3d63 in RecvTupleChunkFromAnyUDPIFC_Internal (mlStates=0x2538448, transportStates=0x253d420, motNodeID=1,
srcRoute=0x7ffdc54e2320)
    at ic_udpifc.c:3817
#2  0x0000000000ac3e7e in RecvTupleChunkFromAnyUDPIFC (mlStates=0x2538448, transportStates=0x253d420, motNodeID=1, srcRoute=0x7ffdc54e2320)
    at ic_udpifc.c:3856
#3  0x0000000000aaf8b4 in processIncomingChunks (mlStates=0x2538448, transportStates=0x253d420, pMNEntry=0x253f008, motNodeID=1, srcRoute=-100)
    at cdbmotion.c:748
#4  0x0000000000aaf7b4 in RecvTupleFrom (mlStates=0x2538448, transportStates=0x253d420, motNodeID=1, tup_i=0x7ffdc54e23e0, srcRoute=-100)
    at cdbmotion.c:674
#5  0x000000000073cc2f in execMotionUnsortedReceiver (node=0x254ced8) at nodeMotion.c:401
#6  0x000000000073c7e8 in ExecMotion (node=0x254ced8) at nodeMotion.c:228
#7  0x00000000006fc3fe in ExecProcNode (node=0x254ced8) at execProcnode.c:1060
#8  0x0000000000723b95 in ExecHashJoinOuterGetTuple (outerNode=0x254ced8, hjstate=0x2549d88, hashvalue=0x7ffdc54e2534) at nodeHashjoin.c:753
#9  0x0000000000722f7f in ExecHashJoin (node=0x2549d88) at nodeHashjoin.c:312
#10 0x00000000006fc356 in ExecProcNode (node=0x2549d88) at execProcnode.c:1025
#11 0x0000000000073c98d in execMotionSender (node=0x2549708) at nodeMotion.c:307
#12 0x0000000000073c87b in ExecMotion (node=0x2549708) at nodeMotion.c:274
#13 0x00000000006fc3fe in ExecProcNode (node=0x2549708) at execProcnode.c:1060
#14 0x00000000006f5105 in ExecutePlan (estate=0x253cfe8, planstate=0x2549708, operation=CMD_SELECT, numberTuples=0,
direction=ForwardScanDirection,
    dest=0x240c958) at execMain.c:2900
#15 0x00000000006f1794 in ExecutorRun (queryDesc=0x2538158, direction=ForwardScanDirection, count=0) at execMain.c:896
#16 0x000000000008f23f2 in PortalRunSelect (portal=0x2518948, forward=1 '\001', count=0, dest=0x240c958) at pquery.c:1164
#17 0x00000000008f1fec in PortalRun (portal=0x2518948, count=9223372036854775807, isTopLevel=1 '\001', dest=0x240c958, altdest=0x240c958,
    completionTag=0x7ffdc54e2c80 "") at pquery.c:985
#18 0x00000000008e9767 in exec_mpp_query (query_string=0x23faf56 "select * from t1,t2 where t1.id = t2.num;", serializedQuerytree=0x0,
```

图 4-20　QE 节点 Interconnect 接收线程函数调用关系

```
serializedQuerytreelen=0, serializedPlantree=0x23faf80 "\367\006", serializedPlantreelen=451, serializedParams=0x0, serializedParamslen=0,
serializedQueryDispatchDesc=0x23fb143 "V\001", serializedQueryDispatchDesclen=159, seqServerHost=0x23fb1e2 "127.0.0.1", seqServerPort=52148,
localSlice=2) at postgres.c:1349
#19 0x00000000008ef718 in PostgresMain (argc=1, argv=0x24014a8, dbname=0x2401408 "postgres", username=0x24013c8 "gpadmin") at postgres.c:5159
#20 0x0000000000882323 in BackendRun (port=0x24118e0) at postmaster.c:6733
#21 0x0000000000881 9af in BackendStartup (port=0x24118e0) at postmaster.c:6407
#22 0x000000000087a7e1 in ServerLoop () at postmaster.c:2444
#23 0x00000000008790ea in PostmasterMain (argc=12, argv=0x23d85a0) at postmaster.c:1528
#24 0x0000000000791ba9 in main (argc=12, argv=0x23d85a0) at main.c:206
(gdb)
```

图 4-20　QE 节点 Interconnect 接收线程函数调用关系（续）

图 4-21 所示是一个有 3 个 segment 实例的集群线程的状态图。简单起见，3 个 segment 实例都启动在同一台主机上，按照端口进行区分。我们可以清楚地看到每个 QE 和 QD 都有两个线程，也就是我们前面提到的 QE 主线程和 rxThreadFunc 函数子线程。

```
[root@localhost src]# ps -efT | grep post | grep idle
gpadmin    9785   9785  26217  2 22:40 ?        00:01:00 postgres: 15432, gpadmin postgres [local] con11 cmd19 idle
gpadmin    9785   9786  26217  0 22:40 ?        00:00:00 postgres: 15432, gpadmin postgres [local] con11 cmd19 idle
gpadmin   13087  13087  26123  1 23:24 ?        00:00:01 postgres: 25433, gpadmin postgres 127.0.0.1(45992) con11 seg1 idle
gpadmin   13087  13090  26123  0 23:24 ?        00:00:00 postgres: 25433, gpadmin postgres 127.0.0.1(45992) con11 seg1 idle
gpadmin   13088  13088  26127  1 23:24 ?        00:00:01 postgres: 25434, gpadmin postgres 127.0.0.1(40554) con11 seg2 idle
gpadmin   13088  13092  26127  0 23:24 ?        00:00:00 postgres: 25434, gpadmin postgres 127.0.0.1(40554) con11 seg2 idle
gpadmin   13089  13089  26122  1 23:24 ?        00:00:01 postgres: 25432, gpadmin postgres 127.0.0.1(42938) con11 seg0 idle
gpadmin   13089  13091  26122  0 23:24 ?        00:00:00 postgres: 25432, gpadmin postgres 127.0.0.1(42938) con11 seg0 idle
```

图 4-21　Interconnect 线程模型

（4）发送数据。

这里会先介绍发送端的主流程。

如图 4-22 所示，左边是一个常规的组块（chunk）发送流程，右边是 EOS（end of service，终止服务）包的发送流程。如果表很小，比如只有 100 条数据，字段宽度也不大，调试的时候只会进入图 4-22 右边的流程，也就是说数据本身跟着 EOS 包一起被发送出去。改变数据集后，插入了 1000000 条数据，字段宽度也变大，就会进入图 4-22 左边的流程，也就是大家正常理解的流程。数据先按照组块逐条被发送出去，最后发送 EOS 包给接收端。

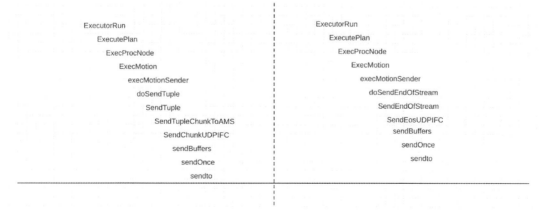

图 4-22　Interconnect 数据发送流程逻辑

图 4-23 和图 4-24 所示的函数栈是在数据量比较大的时候发生的。控制断点的循环次数为 7217，这个数字是通过观察之前断点的统计信息得来的。循环完成后，程序就会进入发送 EOS 包的逻辑，读者可以自己进行跟踪。

```
(gdb) b sendto
Breakpoint 2 at 0x7f87decc4ab0: sendto. (2 locations)
(gdb) c 7217
Not stopped at any breakpoint; argument ignored.
Continuing.

Breakpoint 2, sendto () at ../sysdeps/unix/syscall-template.S:81
81      T_PSEUDO (SYSCALL_SYMBOL, SYSCALL_NAME, SYSCALL_NARGS)
(gdb) bt
#0  sendto () at ../sysdeps/unix/syscall-template.S:81
#1  0x0000000000abd64e in testmode_sendto (caller_name=0xdf59ed <__func__.28948> "sendOnce", socket=16, buffer=0x252eed0, length=8192, flags=0,
    dest_addr=0x253d708,
    dest_len=28) at ../../../../src/include/cdb/cdbicudpfaultinjection.h:254
#2  0x0000000000ac529b in sendOnce (transportStates=0x253d420, pEntry=0x251a968, buf=0x252ee98, conn=0x253d520) at ic_udpifc.c:4457
#3  0x0000000000ac581e in sendBuffers (transportStates=0x253d420, pEntry=0x251a968, conn=0x253d520) at ic_udpifc.c:4660
#4  0x0000000000ac6a56 in SendChunkUDPIFC (mlStates=0x240f648, transportStates=0x253d420, pEntry=0x251a968, conn=0x253d520, tcItem=0x254b728, motionId=1)
    at ic_udpifc.c:5294
#5  0x0000000000ab3a7f in SendTupleChunkToAMS (mlStates=0x240f648, transportStates=0x253d420, motNodeID=1, targetRoute=0, tcItem=0x254b728) at ic_common.c:322
#6  0x0000000000af533 in SendTuple (mlStates=0x240f648, transportStates=0x253d420, motNodeID=1, slot=0x253e868, targetRoute=0) at cdbmotion.c:550
#7  0x0000000000073eba2 in doSendTuple (motion=0x24067e0, node=0x253d9f8, outerTupleSlot=0x253e868) at nodeMotion.c:1508
#8  0x0000000000073c9da in execMotionSender (node=0x253d9f8) at nodeMotion.c:335
#9  0x0000000000073c87b in ExecMotion (node=0x253d9f8) at nodeMotion.c:274
#10 0x0000000000006fc3fe in ExecProcNode (node=0x253d9f8) at execProcnode.c:1060
#11 0x0000000000006f5105 in ExecutePlan (estate=0x253cfe8, planstate=0x253d9f8, operation=CMD_SELECT, numberTuples=0, direction=ForwardScanDirection, dest=0x2407eb8)
    at execMain.c:2900
#12 0x0000000000006f1794 in ExecutorRun (queryDesc=0x240f358, direction=ForwardScanDirection, count=0) at execMain.c:896
#13 0x00000000008f23f2 in PortalRunSelect (portal=0x2518948, forward=1 '\001', count=0, dest=0x2407eb8) at pquery.c:1164
#14 0x00000000008f1fec in PortalRun (portal=0x2518948, count=9223372036854775807, isTopLevel=1 '\001', dest=0x2407eb8, altdest=0x2407eb8,
    completionTag=0x7ffdc54e2c80 "") at pquery.c:985
#15 0x00000000008e9767 in exec_mpp_query (query_string=0x23faf56 "select * from t1;", serializedQuerytree=0x0, serializedQuerytreelen=0,
    serializedPlantree=0x23faf68 "\376\001", serializedPlantreelen=176, serializedParams=0x0, serializedParamslen=0,
    serializedQueryDispatchDesc=0x23fb018 <incomplete sequence \332>, serializedQueryDispatchDesclen=120, seqServerHost=0x23fb090 "127.0.0.1", seqServerPort=52148,
    localSlice=1) at postgres.c:1349
#16 0x00000000008ef718 in PostgresMain (argc=1, argv=0x24014a8, dbname=0x2401408 "postgres", username=0x24013c8 "gpadmin") at postgres.c:5159
#17 0x0000000000882323 in BackendRun (port=0x24118e0) at postmaster.c:6733
#18 0x0000000000008819af in BackendStartup (port=0x24118e0) at postmaster.c:6407
#19 0x000000000087a7e1 in ServerLoop () at postmaster.c:2444
#20 0x00000000008790ea in PostmasterMain (argc=12, argv=0x23d85a0) at postmaster.c:1528
#21 0x0000000000791ba9 in main (argc=12, argv=0x23d85a0) at main.c:206
(gdb) info b
Num     Type           Disp Enb Address            What
2       breakpoint     keep y   <MULTIPLE>
        breakpoint already hit 1 time
2.1                         y   0x00007f87decc4ab0 ../sysdeps/unix/syscall-template.S:81
2.2                         y   0x00007f87df2a3cf0 ../sysdeps/unix/syscall-template.S:81
(gdb) c 7217
Will ignore next 7216 crossings of breakpoint 2.  Continuing.
```

图 4-23　Interconnect 数据报发送函数调用关系

```
Breakpoint 2, sendto () at ../sysdeps/unix/syscall-template.S:81
81      T_PSEUDO (SYSCALL_SYMBOL, SYSCALL_NAME, SYSCALL_NARGS)
(gdb) bt
#0  sendto () at ../sysdeps/unix/syscall-template.S:81
#1  0x0000000000abd64e in testmode_sendto (caller_name=0xdf59ed <__func__.28948> "sendOnce", socket=16, buffer=0x254f780, length=7828, flags=0,
    dest_addr=0x253d708,
    dest_len=28) at ../../../../src/include/cdb/cdbicudpfaultinjection.h:254
#2  0x0000000000ac529b in sendOnce (transportStates=0x253d420, pEntry=0x251a968, buf=0x254f748, conn=0x253d520) at ic_udpifc.c:4457
#3  0x0000000000ac6113 in checkExpiration (transportStates=0x253d420, pEntry=0x251a968, triggerConn=0x253d520, now=53747113307619) at
ic_udpifc.c:5003
#4  0x0000000000ac6794 in checkExceptions (transportStates=0x253d420, pEntry=0x251a968, conn=0x253d520, retry=0, timeout=20) at ic_udpifc.c:5192
#5  0x0000000000ac71a4 in SendEosUDPIFC (mlStates=0x240f648, transportStates=0x253d420, motNodeID=1, tcItem=0x119fa40 <s_eos_buffer>) at
ic_udpifc.c:5466
#6  0x0000000000aaf5db in SendEndOfStream (mlStates=0x240f648, transportStates=0x253d420, motNodeID=1) at cdbmotion.c:593
#7  0x0000000000073e850 in doSendEndOfStream (motion=0x24067e0, node=0x253d9f8) at nodeMotion.c:1401
#8  0x0000000000073c9ba in execMotionSender (node=0x253d9f8) at nodeMotion.c:330
#9  0x0000000000073c87b in ExecMotion (node=0x253d9f8) at nodeMotion.c:274
#10 0x0000000000006fc3fe in ExecProcNode (node=0x253d9f8) at execProcnode.c:1060
#11 0x0000000000006f5105 in ExecutePlan (estate=0x253cfe8, planstate=0x253d9f8, operation=CMD_SELECT, numberTuples=0,
direction=ForwardScanDirection, dest=0x2407eb8)
    at execMain.c:2900
#12 0x0000000000006f1794 in ExecutorRun (queryDesc=0x240f358, direction=ForwardScanDirection, count=0) at execMain.c:896
#13 0x00000000008f23f2 in PortalRunSelect (portal=0x2518948, forward=1 '\001', count=0, dest=0x2407eb8) at pquery.c:1164
#14 0x00000000008f1fec in PortalRun (portal=0x2518948, count=9223372036854775807, isTopLevel=1 '\001', dest=0x2407eb8, altdest=0x2407eb8,
    completionTag=0x7ffdc54e2c80 "") at pquery.c:985
#15 0x00000000008e9767 in exec_mpp_query (query_string=0x23faf56 "select * from t1;", serializedQuerytree=0x0, serializedQuerytreelen=0,
    serializedPlantree=0x23faf68 "\376\001", serializedPlantreelen=176, serializedParams=0x0, serializedParamslen=0,
    serializedQueryDispatchDesc=0x23fb018 <incomplete sequence \332>, serializedQueryDispatchDesclen=120, seqServerHost=0x23fb090 "127.0.0.1",
    seqServerPort=52148,
    localSlice=1) at postgres.c:1349
#16 0x00000000008ef718 in PostgresMain (argc=1, argv=0x24014a8, dbname=0x2401408 "postgres", username=0x24013c8 "gpadmin") at postgres.c:5159
#17 0x0000000000882323 in BackendRun (port=0x24118e0) at postmaster.c:6733
#18 0x0000000000008819af in BackendStartup (port=0x24118e0) at postmaster.c:6407
#19 0x000000000087a7e1 in ServerLoop () at postmaster.c:2444
```

图 4-24　Interconnect EOS 包发送函数调用关系

```
#20 0x00000000008790ea in PostmasterMain (argc=12, argv=0x23d85a0) at postmaster.c:1528
#21 0x0000000000791ba9 in main (argc=12, argv=0x23d85a0) at main.c:206
(gdb) c
Continuing.

Program received signal SIGUSR1, User defined signal 1.
sendto () at ../sysdeps/unix/syscall-template.S:81
81    T_PSEUDO (SYSCALL_SYMBOL, SYSCALL_NAME, SYSCALL_NARGS)
(gdb)
```

图 4-24　Interconnect EOS 包发送函数调用关系（续）

（5）算法介绍。

介绍完正常的流程后，接着介绍 UDPIFC 算法实现的 ACK 机制、重传、流量控制等。首先介绍一个美国专利，如图 4-25 所示，专利的题目是“INTERCONNECT FLOW CONTROL”，专利的授权日期是 2017 年 10 月 17 日，这是由 Greenplum 和 HAWQ 团队早期的成员在 Pivotal 公司时申请的专利。后面介绍的拥塞控制、报文 ACK 和重传就是这个专利的主要内容。

US009794183B2

(12) **United States Patent**
Chang et al.

(10) **Patent No.:** **US 9,794,183 B2**
(45) **Date of Patent:** ***Oct. 17, 2017**

(54) **INTERCONNECT FLOW CONTROL**

(71) Applicant: **EMC Corporation**, Hopkinton, MA (US)

(72) Inventors: **Lei Chang**, Beijing (CN); **Tao Ma**, Beijing (CN); **Lirong Jian**, Beijing (CN); **Kurt Harriman**, Novato, CA (US); **Zhanwei Wang**, Beijing (CN); **Lili Ma**, Beijing (CN)

(73) Assignee: **EMC IP Holding Co. LLC**, Hopkinton, MA (US)

(*) Notice: Subject to any disclaimer, the term of this patent is extended or adjusted under 35 U.S.C. 154(b) by 72 days.

This patent is subject to a terminal disclaimer.

(21) Appl. No.: **14/871,321**

(22) Filed: **Sep. 30, 2015**

(52) **U.S. Cl.**
CPC ***H04L 47/30*** (2013.01); ***H04L 12/6418*** (2013.01); ***H04L 43/022*** (2013.01); ***H04L 47/27*** (2013.01); ***H04L 47/6255*** (2013.01); ***H04L 49/90*** (2013.01)

(58) **Field of Classification Search**
CPC combination set(s) only.
See application file for complete search history.

(56) **References Cited**

U.S. PATENT DOCUMENTS

6,401,136	B1 *	6/2002	Britton	G06F 9/546	719/314
6,434,620	B1 *	8/2002	Boucher	H04L 12/5693	709/230
2011/0131654	A1 *	6/2011	Taneja	H04L 63/1416	726/23

OTHER PUBLICATIONS

Chang et al, HAWQ: A Massively Parallel Processing SQL Engine in Hadoop, ACM, 12 pages, Jun. 2014.*

图 4-25　Interconnect 专利信息

Interconnect 专利模块示意如图 4-26 所示。

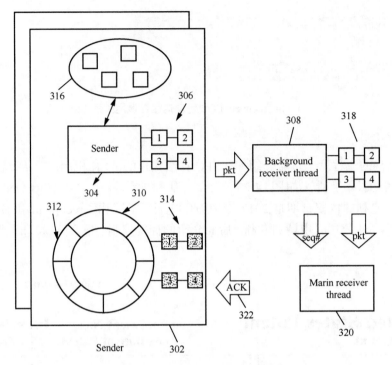

图 4-26 Interconnect 专利模块示意

如代码清单 4-9 所示，左边的发送端在发送了数据给右边的接收端之后，不会马上把数据释放掉，而是把数据放入一个叫作 UnackQueueRing 的数据结构里面。

代码清单 4-9　Interconnect 循环缓存相关函数

```
typedef struct UnackQueueRing UnackQueueRing;
struct UnackQueueRing {…};
static UnackQueueRing unack_queue_ring = {0, 0, 0};
static void initUnackQueueRing(UnackQueueRing *uqr) {…}
```

很多地方都会调用一个叫作 pollAcks 的函数，如代码清单 4-10 所示，它用于在超时的时候等待接收端发送 ACK 信息，在收到 ACK 以后，调用 handleAcks 函数进行数据处理。

代码清单 4-10　pollAcks 函数示意图

```
static inline bool
pollAcks(ChunkTransportState *transportStates, int fd, int timeout)
{
    struct pollfd nfd;
    int           n;
    nfd.fd = fd;
    nfd.events = POLLIN;
    n = poll(&nfd, 1, timeout);
```

在 handleAcks 函数里会检测 ACK 报文的标志位，类似代码清单 4-11 所示的标志位。

代码清单 4-11　UDPIFC 标志位

```
#define UDPIC_FLAGS_RECEIVER_TO_SENDER   (1)
#define UDPIC_FLAGS_ACK                  (2)
#define UDPIC_FLAGS_STOP                 (4)
#define UDPIC_FLAGS_EOS                  (8)
#define UDPIC_FLAGS_NAK                  (16)
#define UDPIC_FLAGS_DISORDER             (32)
#define UDPIC_FLAGS_DUPLICATE            (64)
#define UDPIC_FLAGS_CAPACITY             (128)
```

该函数会根据发过来的 ACK 报文的不同标志位，做出不同的处理，如代码清单 4-12 所示。

代码清单 4-12　ACK 报文相关函数

```
static bool handleMismatch(icpkthdr *pkt,struct sockaddr_storage *peer,int peer_len);
static void handleAckedPacket(MotionConn *ackConn,ICBuffer *buf,uint64 now);
static bool handleAcks(ChunkTransportState *transportStates,ChunkTransportStateEntry *pEntry);
static void handleStopMsgs(ChunkTransportState *transportStates,ChunkTransportStateEntry *pEntry, int16 MotionId);
static void handleDisorderPacket(MotionConn *conn,int pos,uint32 tailSeq,icpkthdr *pkt);
static bool handleDataPacket(MotionConn *conn,icpkthdr *pkt,struct sockaddr_storage *peer, socklen_t *peerlen,AckSendParam *param,bool *wakeup_mainthread);
static bool handleAckForDuplicatePkt(MotionConn *conn,icpkthdr *pkt);
static bool handleAckForDisorderPkt(ChunkTransportState *transportStates,ChunkTransportStateEntry *pEntry,MotionConn *conn,icpkthdr *pkt);
```

ACK 报文处理逻辑如代码清单 4-13 所示。

代码清单 4-13　ACK 报文处理逻辑

```
if (pkt->flags & UDPIC_FLAGS_ACK)
{
    ICBufferLink *link = NULL;
    ICBufferLink *next = NULL;
    ICBuffer    *buf = NULL;
    link = icBufferListFirst(&ackConn->unackQueue);
    buf = GET_ICBUFFER_FROM_PRIMARY(link);
    while (!icBufferListIsHead(&ackConn->unackQueue,link) && buf->pkt->seq <= pkt->seq)
    {
        next = link->next;
        handleAckedPacket(ackConn,buf,now);
        shouldSendBuffers = true;
        link = next;
        buf = GET_ICBUFFER_FROM_PRIMARY(link);
    }
}
break;
```

代码清单 4-13 所示的 unackQueue 这个 list 结构里小于或等于"pkt->seq"的元素都会被弹出来，每弹出来一个就会用 handleAckedPacket 做处理。

handleAckedPacket 函数的代码如图 4-27 所示，根据最前面的注释，有一个往返路程时间（round trip time，RTT）关键字，这和 TCP 里面的 RTT 类似。在 TCP 里，RTT 的大小能够影响报文的重传，在这里也是一样的作用。有和 RTT 相关的很复杂的算法，通过这些算法，放在 unackQueue 里面的报文会被丢掉（被函数 icBufferListDelete 处理）。

```
/* RTT (Round Trip Time)相关的计算有四个公式。
 * (1) SRTT = (1 - g) SRTT + g x RTT (0 < g < 1, In implementation, g is set to 1/8)
 * (2) SDEV = (1 - h) x SDEV + h x |SERR| (0 < h < 1, In implementation, h is set to 1/4)
 * (3) SERR = RTT - SRTT
 * (4) exp_period = (SRTT + y x SDEV) << retry
 */
static void
handleAckedPacket(MotionConn *ackConn, ICBuffer *buf, uint64 now)
```

图 4-27 handleAckedPacket 函数的代码

代码清单 4-14 所示的逻辑是把数据缓存从链表或者 unackQueue 里面去掉，如果后面又需要数据缓存的话，会调用 icBufferListAppend 把空闲的缓存加回来使用。

代码清单 4-14 数据缓存删除逻辑

```
static inline ICBuffer *
icBufferListDelete(ICBufferList *list, ICBuffer *buf)
{
    ICBufferLink *bufLink = NULL;
    bufLink = (list->type == ICBufferListType_primary ? &buf->primary : &buf->secondary);
    bufLink->prev->next = bufLink->next;
    bufLink->next->prev = bufLink->prev;
    list->length--;
    return buf;
}
```

和 Interconnect 相关的还有一个 GUC，叫作 gp_interconnect_fc_method，有 CAPACITY 和 LOSS 两种算法。这两种算法用不同的策略来决定发送速度。

代码清单 4-15 所示的结构里的窗口参数，用于在发送端进行拥塞控制和发送速度控制，这一点和 TCP 里面的窗函数类似。

代码清单 4-15 SendControlInfo 结构体

```
typedef struct SendControlInfo SendControlInfo;
struct SendControlInfo
{
    icpkthdr    *ackBuffer;
    /* 拥塞控制窗口 */
    float       cwnd;
    /* 最小拥塞控制窗口 */
```

```
    float       minCwnd;
    /* 慢启动门限值 */
    float       ssthresh;
};
```

本节没有深入探究 UPDIFC 里面的算法逻辑。希望深入学习的读者可以阅读美国专利"US9794183"的内容和相关源码。

UPDIFC 作为替换 TCP 的一个底层协议实现了一些基本的功能，比如重传、流量控制等，但和主流的 RUDP（QUIC）的实现相比肯定还是有差距的。Greenplum 有计划把 QUIC 纳入底层协议里面。比较下来，UPDIFC 应该是一个过渡产品。但是这并不妨碍大家对它进行研究和学习。通过学习，读者不但能够了解在应用层如何实现 TCP 的那些经典算法，而且能加深对 MPP 数据库的网络底层的了解。

3. QUIC 简介

QUIC 是 RUDP 类协议里面较成熟的协议，有很多企业使用并实现了这个协议。笔者预测，在不久的将来，Greenplum 的 UDPIFC 大概率会被 QUIC 替换掉。

QUIC 是一个通用的传输层网络协议，最初由 Google 的吉姆·罗斯金德（Jim Roskind）设计，于 2012 年实现并部署，2013 年随着实验范围的扩大而公开发布，并向因特网工程任务组（Internet engineering task force，IETF）提交。虽然其长期处于互联网草案阶段，但在从 Chrome 浏览器到 Google 服务器的所有连接中，超过一半的连接都使用了 QUIC。Microsoft Edge、Firefox 和 Safari 都支持它，但默认情况下没有启用它。其于 RFC 9000 中正式推出标准化版本。虽然它的名字最初是根据"quick UDP internet connection"（快速 UDP 互联网连接）的首字母缩写提出的，但 IETF 使用的 QUIC 一词并不是首字母缩写，它只是协议的名称。QUIC 能提高目前使用 TCP 的面向连接的网络应用的性能。它通过使用 UDP 在两个端点之间创建若干个多路连接来实现这一目标，其目的是在网络层淘汰 TCP，以满足许多应用的需求，因此该协议偶尔也会获得"TCP/2"的"昵称"。

QUIC 可以与 HTTP/2 的多路复用连接协同工作，允许多个数据流独立到达所有端点，因此不受涉及其他数据流的丢包影响。相反，HTTP/2 创建在 TCP 基础上，如果任何一个 TCP 数据报延迟或丢失，所有多路数据流都会遭受队头阻塞延迟。

QUIC 的次要目标包括降低连接和传输时延，以及估计每个方向的带宽以避免拥塞。它还将拥塞控制算法移到了两个端点的用户空间，而不是内核空间，据称这将使这些算法得到更快的改进。此外，该协议还可以扩展前向纠错，以进一步提高发生预期错误时数据传输的性能，这被视为协议演进的下一步发展方向。

2015 年 6 月，QUIC 规范的互联网草案被提交给 IETF 进行标准化。2016 年，IETF 成立了 QUIC 工作组。

2018 年 10 月，IETF 的 HTTP 工作组和 QUIC 工作组共同决定将 QUIC 上的 HTTP 映射称为 "HTTP/3"，以提前使其成为全球标准。

2021 年 5 月 IETF 公布 RFC 9000，QUIC 规范推出了标准化版本。

2022 年 6 月 6 日，IETF QUIC 和 HTTP 工作组成员罗宾·马克（Robin Mark）在 Twitter 上宣布，历时 5 年 HTTP/3 终于被标准化为 RFC 9114，这是 HTTP 的第三个主要版本。

如果读者愿意学习 QUIC，可以从开源项目（quiche、mvfast 等）入手，它们都是 C++ 语言的项目。国内也有很多企业在使用 QUIC，比如腾讯、阿里巴巴、字节跳动、快手等。

随着网络环境的变化，以及移动互联网、车联网、物联网（internet of things，IoT）等新事物的到来，以前的以 TCP/HTTP/HTTPS（hypertext transfer protocol secure，超文本传输安全协议）/DNS（domain name service，域名服务）为主要基础设施的网络交互，正在慢慢地改变。现在的 HTTP/2、GRPC 或者 HTTP/3 等，都是以新的网络协议为基础的。

数据库行业也是如此，Greenplum 上游的 PostgreSQL 功能越来越复杂，速度越来越快，作为底层通信的 Interconnect 必然也会受到挑战。比如将 Greenplum 部署到公有云上面，网络负载会更重，数据库的规模会更大。作为基础设施的 Interconnect 也需要不断进步来应对这样的挑战。

4.3.4 gang 和 slice

gang 和 slice 是 Greenplum 里面的基础设施。简单来说，为了提高查询执行并行度和效率，Greenplum 把一个完整的分布式查询计划从下到上分成多个 slice，每个 slice 负责计划的一部分。划分 slice 的边界为 Motion，每遇到 Motion 则 "一刀" 将 Motion 切成发送端和接收端两部分，得到两棵 "子树"。每个 slice 由一个 QE 进程处理，gang 是在不同 segment 实例上执行同一个 slice 的所有 QE 进程的集合。本节会从代码的角度讲解 gang 和 slice 分别是什么，怎么产生的，各自起什么样的作用。

1. gang

下面从一个执行计划说起。图 4-28 中的表 t1 用 id 作为分布键；t2 用 id 作为分布键，有两个属性，即 id 和 num。执行计划有两个 slice，slice2 是最后的 Gather Motion，slice1 对应的 Motion 叫作 Redistribution Motion（重分布操作），表示 3∶3 的重分布，意思就是 3 个 segment 实例上的表 t2 的数据会被重分布到 3 个 segment 实例上面。

```
postgres=# \d t1
       Table "public.t1"
 Column |  Type   | Modifiers
--------+---------+-----------
 id     | integer |
Distributed by: (id)

postgres=# \d t2
       Table "public.t2"
 Column |  Type   | Modifiers
--------+---------+-----------
 id     | integer |
 num    | integer |
Distributed by: (id)

postgres=# explain select * from t1,t2 where t1.id = t2.num;
                                    QUERY PLAN
-----------------------------------------------------------------------------------
 Gather Motion 3:1  (slice2; segments: 3)  (cost=1.02..2.09 rows=4 width=12)
   ->  Hash Join  (cost=1.02..2.09 rows=2 width=12)
         Hash Cond: t2.num = t1.id
         ->  Redistribute Motion 3:3  (slice1; segments: 3)  (cost=0.00..1.03 rows=1 width=8)
               Hash Key: t2.num
               ->  Seq Scan on t2  (cost=0.00..1.01 rows=1 width=8)
         ->  Hash  (cost=1.01..1.01 rows=1 width=4)
               ->  Seq Scan on t1  (cost=0.00..1.01 rows=1 width=4)
 Optimizer status: legacy query optimizer
(9 rows)
```

图 4-28 SQL 语句的执行计划

如图 4-29 所示，这是一个有 3 个 segment 实例的集群，SQL 语句产生了两个 slice，所以一共会出现 6 个 gang。体现在进程方面，就会出现 6 个进程。在 seg0 上出现两个进程，在 seg1 上出现两个进程，在 seg2 上出现两个进程。

```
[root@localhost ~]# ps -ef |grep post | grep idle
gpadmin  27392  2645  0 17:49 ?        00:00:00 postgres: 15432, gpadmin postgres [local] con13 cmd5 idle in transaction
gpadmin  27398  2553  0 17:49 ?        00:00:00 postgres: 25433, gpadmin postgres 127.0.0.1(34662) con13 seg1 idle in transaction
gpadmin  27399  2555  0 17:49 ?        00:00:00 postgres: 25434, gpadmin postgres 127.0.0.1(29224) con13 seg2 idle in transaction
gpadmin  27400  2554  0 17:49 ?        00:00:00 postgres: 25432, gpadmin postgres 127.0.0.1(31608) con13 seg0 idle in transaction
gpadmin  27407  2554  0 17:49 ?        00:00:00 postgres: 25432, gpadmin postgres 127.0.0.1(31614) con13 seg0 idle
gpadmin  27408  2553  0 17:49 ?        00:00:00 postgres: 25433, gpadmin postgres 127.0.0.1(34668) con13 seg1 idle
gpadmin  27409  2555  0 17:49 ?        00:00:00 postgres: 25434, gpadmin postgres 127.0.0.1(29230) con13 seg2 idle
```

图 4-29 SQL 语句的进程情况

writer gang 和 reader gang 各自有什么作用呢？这里详细介绍一下，writer gang 和相关的 reader gang 属于同一个 segMate 组，一个组里面有一个 writer gang 和一个或多个 reader gang，writer gang 会接收来自 QD 的很多信息，比如 commit 命令和 insert 命令，都会被 writer gang 接收。如果只是 select 命令，就会被每个 gang 都接收并执行。比如图 4-28 所示的执行计划，一个 gang 上面会扫描表 t1，另外一个 gang 上面会扫描表 t2。扫描的时候，调用经典的函数 HeapTupleSatisfiesMVCC 来测试元组是否可见。

如何区分当前进程是 writer gang 还是 reader gang？有一个简单的方法，就是使用全局变量 Gp_is_writer，可以用调试工具 gdb 连接进程，然后输出，如代码清单 4-16 所示，1 表示 writer gang，0 表示 reader gang。

代码清单 4-16 gang 类型识别

```
Bool Gp_is_writer;
(gdb) p Gp_is_writer
```

```
$1 = 1 '\001'
(gdb) p Gp_is_writer
$1 = 0 '\000'
```

另外一种方法，如代码清单 4-17 所示，可以在使用 insert 命令的时候查看函数 GetNewTransactionId 是否被调用。该函数只有 writer gang 会调用，因为 writer gang 会产生本地的事务标识，有事务日志（transaction log，xlog）和事务提交日志（commit log，clog）的落盘。

代码清单 4-17　GetNewTransactionId 函数

```
/* 给新事务分配事务标识 */
TransactionId GetNewTransactionId(bool isSubXact, bool setProcXid)
```

按照不同角色划分，writer gang 可以修改 segment 实例数据库状态，reader gang 不能修改 segment 实例数据库状态。writer gang 会参与全局事务，需要处理 commit、abort 等事务命令。

reader gang 和 writer gang 是按照什么样的策略来分配的呢？这要从 QD 上面的逻辑说起。通过最开始的 begin 命令，QD 在连接 segment 实例时，用 AllocateWriterGang 开启了一组 gang，在每个 segment 实例上面也会启动一组标识符相同的进程，这组 gang 就是 writer gang，是可以访问分布式事务日志（distributedlog）的 gang。根据执行计划，QD 发现有多个 slice，每个 segment 实例上除了基本的 writer gang 进程，还会分配新的 reader gang 进程，每个 reader gang 都会被纳入对应的 writer gang 的进程组，进程组里面使用共享内存来共享快照的信息。

分配 writer gang 的调用过程可以参考 5.5.1 节的内容，分配 reader gang 的调用过程如图 4-30 所示。函数调用过程比较复杂，这里省略了很多。

```
(gdb) bt
#0  AllocateReaderGang (type=GANGTYPE_PRIMARY_READER, portal_name=0x0, estate=0x1d179e8) at cdbgang.c:195
#1  0x00000000000711ac9 in AssignGangs (queryDesc=0x1d7f018) at execUtils.c:1745
#2  0x00000000006f0e73 in ExecutorStart (queryDesc=0x1d7f018, eflags=0) at execMain.c:579
#3  0x00000000008f18c8 in PortalStart (portal=0x1bc5ff8, params=0x0, snapshot=0x0, seqServerHost=0x0, seqServerPort=-1, ddesc=0x0)
    at pquery.c:738
#4  0x00000000008ea383 in exec_simple_query (query_string=0x1c5d968 "select * from t1,t2 where t1.id = t2.num;",
    seqServerHost=0x0, seqServerPort=-1)
    at postgres.c:1738
#5  0x00000000008eef4f in PostgresMain (argc=1, argv=0x1bc0c90, dbname=0x1bc0ac8 "postgres", username=0x1bc0a88 "gpadmin") at
postgres.c:4975
#6  0x00000000008822e5 in BackendRun (port=0x1bd11f0) at postmaster.c:6732
#7  0x0000000000881971 in BackendStartup (port=0x1bd11f0) at postmaster.c:6406
#8  0x000000000087a7e1 in ServerLoop () at postmaster.c:2444
#9  0x00000000008790ea in PostmasterMain (argc=15, argv=0x1b97e30) at postmaster.c:1528
#10 0x0000000000791ba9 in main (argc=15, argv=0x1b97e30) at main.c:206
(gdb) f 1
#1  0x00000000000711ac9 in AssignGangs (queryDesc=0x1d7f018) at execUtils.c:1745
1745                    inv.vecNgangs[i] = AllocateReaderGang(GANGTYPE_PRIMARY_READER, queryDesc->portal_name, estate);
(gdb) p *queryDesc
$1 = {operation = CMD_SELECT, plannedstmt = 0x1d2aa68, utilitystmt = 0x0, sourceText = 0x1d7f150 "select * from t1,t2 where t1.id
= t2.num;", snapshot = 0x1d7eee8,
  crosscheck_snapshot = 0x0, dest = 0x10ffbe0 <donothingDR>, params = 0x0, instrument_options = 0, tupDesc = 0x1d9b608, estate =
0x1d179e8, planstate = 0x1d18388,
  es_processed = 9187201950435737471, es_lastoid = 2139062143, extended_query = 0 '\000', portal_name = 0x0, ddesc = 0x1d17e20,
  showstatctx = 0x7f7f7f7f7f7f7f7f,
  gpmon_pkt = 0x0, totaltime = 0x7f7f7f7f7f7f7f7f, memoryAccountId = 29}
```

图 4-30　分配 reader gang 的调用过程

通过函数 AllocateReaderGang，最后会调用代码清单 4-18 所示的函数。

代码清单 4-18　gang 创建相关函数

```
cdbconn_doConnectStart(segdbDesc,gpqeid,options);
```

用 libpq 通信协议库连接 segment 实例的时候会带参数，通过参数就能指定当前的工作进程是不是 reader gang。

代码清单 4-19 中的 GUC 为 gp_is_writer，它在启动新进程的时候会被设置。

代码清单 4-19　gang 创建的 GUC 变量

```
{
    {"gp_is_writer", PGC_BACKEND, GP_WORKER_IDENTITY,
        gettext_noop("True in a worker process which can directly update its local database segment."),
        NULL,
        GUC_NO_SHOW_ALL | GUC_NOT_IN_SAMPLE | GUC_DISALLOW_IN_FILE
    },
    &Gp_is_writer,
    false,
    NULL,NULL,NULL
},
```

代码清单 4-20 说明了在初始化 PostgreSQL 进程的时候，对 GUC 参数的处理。gpqeid_next_param 读取了来自 QD 的信息，gp_is_writer 这个 GUC 被设置，最后和 GUC 相关的全局变量 Gp_is_writer 也被设置。如果是 reader gang 的话，Gp_is_writer 应该是 0。

后续接着介绍 Gp_is_writer 这个全局变量在哪里被使用，以及是如何用于产生 reader gang 或者 writer gang 进程的。

代码清单 4-20　Gp_is_writer 全局变量赋值

```
if (gpqeid_next_param(&cp,&np))
    SetConfigOption("gp_is_writer", cp,PGC_POSTMASTER,PGC_S_OVERRIDE);
```

代码清单 4-21 中的代码在 InitPostgres 函数内部，也就是说在 PostgreSQL 启动的时候，就将很多全局变量和内存设置好了。代码清单 4-21 所示就是在设置当前的进程，表示程序逻辑是重新创建一个新的共享快照（sharedsnapshot），还是到已有的共享快照槽位（sharedsnapshot slots）里面去找共享快照。

代码清单 4-21　Gp_is_writer 全局变量和分支逻辑

```
else if (Gp_role == GP_ROLE_EXECUTE)
{
    if (Gp_is_writer)
    {
        addSharedSnapshot("Writer qExec",gp_session_id);
```

```
        }
        else
        {
            /* 该 slot 已经被 writer gang 占用,确保分配 Writer qExec */
            lookupSharedSnapshot("Reader qExec","Writer qExec",gp_session_id);
        }
}
```

Gp_role 有 3 个角色,QD、QE 和 utility。Gp_is_writer 有两个角色,writer 和 reader。Gp_is_writer 全局变量和 Gp_role 全局变量会长存在各个进程里,引导代码逻辑向不同的分支运行,也就区分了各个实例运行的是 reader、writer 还是 QD、QE 或者 utility 角色。

销毁 gang 比较简单,如图 4-31 所示,进程读取 Linux 信号之后进行 gang 的销毁。

```
Breakpoint 1, DisconnectAndDestroyUnusedGangs () at cdbgang.c:1256
1256          if (GangsExist())
(gdb) bt
#0  DisconnectAndDestroyUnusedGangs () at cdbgang.c:1256
#1  0x00000000008f7b51 in idle_gang_timeout_action () at idle_resource_cleaner.c:60
#2  0x00000000008f7c96 in DoIdleResourceCleanup () at idle_resource_cleaner.c:135
#3  0x00000000008d96aa in ProcessClientWaitTimeout () at proc.c:1885
#4  0x00000000008d953d in ClientWaitTimeoutInterruptHandler () at proc.c:1825
#5  0x00000000008d9491 in handle_sig_alarm (postgres_signal_arg=14) at proc.c:1782
#6  <signal handler called>
#7  0x00007f5001678aeb in __libc_recv (fd=8, buf=0x114bcc0 <PqRecvBuffer>, n=8192, flags=0)
    at ../sysdeps/unix/sysv/linux/x86_64/recv.c:33
#8  0x000000000076d5b7 in secure_read (port=0x2c481f0, ptr=0x114bcc0 <PqRecvBuffer>, len=8192) at be-secure.c:307
#9  0x000000000077911e in pq_recvbuf () at pqcomm.c:872
#10 0x000000000077939f in pq_getbyte () at pqcomm.c:983
#11 0x00000000008e80fa in SocketBackend (inBuf=0x7fff68f1fbd0) at postgres.c:442
#12 0x00000000008e856c in ReadCommand (inBuf=0x7fff68f1fbd0) at postgres.c:602
#13 0x00000000008eed9f in PostgresMain (argc=1, argv=0x2c37c90, dbname=0x2c37ac8 "postgres", username=0x2c37a88 "gpadmin")
    at postgres.c:4927
#14 0x00000000008822e5 in BackendRun (port=0x2c481f0) at postmaster.c:6732
#15 0x0000000000881971 in BackendStartup (port=0x2c481f0) at postmaster.c:6406
#16 0x000000000087a7e1 in ServerLoop () at postmaster.c:2444
#17 0x00000000008790ea in PostmasterMain (argc=15, argv=0x2c0ee30) at postmaster.c:1528
#18 0x0000000000791ba9 in main (argc=15, argv=0x2c0ee30) at main.c:206
```

图 4-31 gang 的销毁

2. slice

前面讲了很多关于 gang 的代码和逻辑,gang 就是一个实现 slice 的载体,是 slice 在内存中的实现形式。

这里补充描述一点,执行计划是完整的计划,会被发送到每个 gang 上,有的 gang 是做 slice x 部分的执行计划,有的 gang 是做 slice y 部分的执行计划,有的 gang 是做 slice z 部分的执行计划。这里接着介绍每个 gang 是如何执行与自己相关部分的计划的。

首先,针对图 4-32 所示的执行计划来进行说明。

图 4-32 中有两个 slice,一个是 Gather Motion,另一个是 Redistribution Motion。

这个集群是有一个 master 实例、3 个 segment 实例的集群。因为有两个 slice,所以会在每个实例上启动两个进程,这两个进程属于同一个 segMate 组。

```
postgres=# explain select * from t1,t2,tt where t1.id = t2.num and tt.id = t2.num;
                                     QUERY PLAN
----------------------------------------------------------------------------------
 Gather Motion 3:1  (slice2; segments: 3)  (cost=2.04..3.16 rows=4 width=16)
   ->  Hash Join  (cost=2.04..3.16 rows=2 width=16)
         Hash Cond: t1.id = tt.id
         ->  Hash Join  (cost=1.02..2.09 rows=2 width=12)
               Hash Cond: t2.num = t1.id
               ->  Redistribute Motion 3:3  (slice1; segments: 3)  (cost=0.00..1.03 rows=1 width=8)
                     Hash Key: t2.num
                     ->  Seq Scan on t2  (cost=0.00..1.01 rows=1 width=8)
               ->  Hash  (cost=1.01..1.01 rows=1 width=4)
                     ->  Seq Scan on t1  (cost=0.00..1.01 rows=1 width=4)
         ->  Hash  (cost=1.01..1.01 rows=1 width=4)
               ->  Seq Scan on tt  (cost=0.00..1.01 rows=1 width=4)
 Optimizer status: legacy query optimizer
(13 rows)
```

图 4-32　SQL 执行计划

进行代码分析时，分别在同一个 segMate 组的两个进程里面加断点，然后在 QD 里面加断点。加断点的函数叫作 LocallyExecutingSliceIndex，如代码清单 4-22 所示。

代码清单 4-22　LocallyExecutingSliceIndex 函数

```
/* 为本地执行的 slice 提供索引 */
int LocallyExecutingSliceIndex(EState *estate)
{
    Assert(estate);
    return (!estate->es_sliceTable ? 0 : estate->es_sliceTable->localslice);
}
```

图 4-33 展示了 QD 的进程，在开始执行 select 命令后，QD 也进入了 ExecutorStart 函数，并且要发送执行计划给所有的 gang。在 QD 上面，LocallyExecutingSliceIndex 函数的返回值是 0。

```
(gdb) bt
#0  ExecutorStart (queryDesc=0x28c8cc8, eflags=0) at execMain.c:261
#1  0x00000000008f18c8 in PortalStart (portal=0x2768008, params=0x0, snapshot=0x0, seqServerHost=0x0,
    seqServerPort=-1, ddesc=0x0) at pquery.c:738
#2  0x00000000008ea383 in exec_simple_query (
    query_string=0x27ff978 "select * from t1,t2,tt where t1.id = t2.num and tt.id = t2.id;", seqServerHost=0x0,
    seqServerPort=-1) at postgres.c:1738
#3  0x00000000008eef4f in PostgresMain (argc=1, argv=0x2762ca0, dbname=0x2762ad8 "postgres",
    username=0x2762a98 "gpadmin") at postgres.c:4975
#4  0x00000000008822e5 in BackendRun (port=0x2773200) at postmaster.c:6732
#5  0x0000000000881971 in BackendStartup (port=0x2773200) at postmaster.c:6406
#6  0x000000000087a7e1 in ServerLoop () at postmaster.c:2444
#7  0x00000000008790ea in PostmasterMain (argc=15, argv=0x2739e40) at postmaster.c:1528
#8  0x0000000000791ba9 in main (argc=15, argv=0x2739e40) at main.c:206
(gdb) b CdbDispatchPlan
Breakpoint 3 at 0xad31d2: file cdbdisp_query.c, line 200.
(gdb) c
Continuing.

Breakpoint 3, CdbDispatchPlan (queryDesc=0x28c8cc8, planRequiresTxn=0 '\000', cancelOnError=1 '\001', ds=0x28c9b78)
    at cdbdisp_query.c:200
200         bool is_SRI = false;
(gdb) p LocallyExecutingSliceIndex(queryDesc->estate)
$15 = 0
```

图 4-33　QD 节点判断并识别 slice 0 的函数调用关系

如图 4-34 所示，在其中一个 gang 里，LocallyExecutingSliceIndex 函数的返回值是 1。

```
(gdb) b LocallyExecutingSliceIndex
Breakpoint 1 at 0x7134f6: file execUtils.c, line 2631.
(gdb) c
Continuing.

Breakpoint 1, LocallyExecutingSliceIndex (estate=0x1eb3828) at execUtils.c:2631
2631        Assert(estate);
(gdb) p estate->es_sliceTable->localSlice
$1 = 1
(gdb) bt
#0  LocallyExecutingSliceIndex (estate=0x1eb3828) at execUtils.c:2631
#1  0x00000000006f0b71 in ExecutorStart (queryDesc=0x1e51f78, eflags=0) at execMain.c:497
#2  0x00000000008f18c8 in PortalStart (portal=0x1d97a28, params=0x0, snapshot=0x0,
    seqServerHost=0x1d86273 "127.0.0.1", seqServerPort=37934, ddesc=0x1eafd40) at pquery.c:738
#3  0x00000000008e96a2 in exec_mpp_query (
    query_string=0x1d85f56 "select * from t1,t2,tt where t1.id = t2.num and tt.id = t2.id;",
    serializedQuerytree=0x0, serializedQuerytreelen=0, serializedPlantree=0x1d85f95 "\337\t",
    serializedPlantreelen=581, serializedParams=0x0, serializedParamslen=0,
    serializedQueryDispatchDesc=0x1d861da "V\001", serializedQueryDispatchDesclen=153,
    seqServerHost=0x1d86273 "127.0.0.1", seqServerPort=37934, localSlice=1) at postgres.c:1327
#4  0x00000000008ef6da in PostgresMain (argc=1, argv=0x1d8d238, dbname=0x1d8d198 "postgres",
    username=0x1d8d158 "gpadmin") at postgres.c:5159
#5  0x00000000008822e5 in BackendRun (port=0x1d9c8e0) at postmaster.c:6732
#6  0x0000000000881971 in BackendStartup (port=0x1d9c8e0) at postmaster.c:6406
#7  0x000000000087a7e1 in ServerLoop () at postmaster.c:2444
#8  0x00000000008790ea in PostmasterMain (argc=12, argv=0x1d635a0) at postmaster.c:1528
#9  0x0000000000791ba9 in main (argc=12, argv=0x1d635a0) at main.c:206
(gdb)
```

图 4-34　QE 节点判断并识别 slice 1 的函数调用关系

如图 4-35 所示，在另一个 gang 里，LocallyExecutingSliceIndex 函数的返回值是 2。

```
(gdb) b LocallyExecutingSliceIndex
Breakpoint 1 at 0x7134f6: file execUtils.c, line 2631.
(gdb) c
Continuing.

Breakpoint 1, LocallyExecutingSliceIndex (estate=0x1e84688) at execUtils.c:2631
2631        Assert(estate);
(gdb) p estate->es_sliceTable->localSlice
$1 = 2
(gdb) bt
#0  LocallyExecutingSliceIndex (estate=0x1e84688) at execUtils.c:2631
#1  0x00000000006f0b71 in ExecutorStart (queryDesc=0x1d928b8, eflags=0) at execMain.c:497
#2  0x00000000008f18c8 in PortalStart (portal=0x1d97a28, params=0x0, snapshot=0x0, seqServerHost=0x1d86273 "127.0.0.1",
    seqServerPort=37934, ddesc=0x1e82bc0) at pquery.c:738
#3  0x00000000008e96a2 in exec_mpp_query (query_string=0x1d85f56 "select * from t1,t2,tt where t1.id = t2.num and tt.id =
t2.id;",
    serializedQuerytree=0x0, serializedQuerytreelen=0, serializedPlantree=0x1d85f95 "\337\t", serializedPlantreelen=581,
    serializedParams=0x0, serializedParamslen=0, serializedQueryDispatchDesc=0x1d861da "V\001",
    serializedQueryDispatchDesclen=153,
    seqServerHost=0x1d86273 "127.0.0.1", seqServerPort=37934, localSlice=2) at postgres.c:1327
#4  0x00000000008ef6da in PostgresMain (argc=1, argv=0x1d8d238, dbname=0x1d8d198 "postgres", username=0x1d8d158 "gpadmin")
    at postgres.c:5159
#5  0x00000000008822e5 in BackendRun (port=0x1d9c8e0) at postmaster.c:6732
#6  0x0000000000881971 in BackendStartup (port=0x1d9c8e0) at postmaster.c:6406
#7  0x000000000087a7e1 in ServerLoop () at postmaster.c:2444
#8  0x00000000008790ea in PostmasterMain (argc=12, argv=0x1d635a0) at postmaster.c:1528
#9  0x0000000000791ba9 in main (argc=12, argv=0x1d635a0) at main.c:206
(gdb)
```

图 4-35　QE 节点判断并识别 slice 2 的函数调用关系

上述共 3 个函数调用栈，第一个是 QD 的调用栈，函数 LocallyExecutingSliceIndex 的值为 0，表示 QD 执行计划是从顶部开始的；第二个是一个 QE 的调用栈，"estate->es_sliceTable->localSlice" 的值为 1，表示执行计划处于 slice1 的节点；第三个是另外一个 QE 的调用栈，"estate->es_sliceTable->localSlice" 的值为 2，表示执行计划处于 slice2 的节点。

slice2 被 Gather Motion 分成了两部分，即一个处于 QD 上的 Gather Motion，另一个分布

于对应 gang 上面的 sender（发送数据算子），sender 在每个 segment 实例上都有。除 sender 外，这个 slice 还有另外几个算子，一个 Hash Join、一个 Hash、一个 Scan，对应的就是另一个 Hash Join、一个 Redistribution Motion 的 receiver、一个 Hash 和一个 Scan。

然后看"estate->es_sliceTable->localSlice"为 1 的 slice。它包括一个 Redistribution Motion 的 sender、一个 Hash、一个 Scan。执行计划被传到各个 segment 实例上启动的 gang 里，每个 segment 实例有两个 gang，一共有 6 个，再用函数 LocallyExecutingSliceIndex"包装"一下，层次就非常清楚了。

代码清单 4-23 展示了 Greenplum 是怎么使用 slice 编号的，代码在 ExecutorRun 函数内部，最后执行了 ExecutePlan，MotionState 通过以 LocallyExecutingSliceIndex 为参数的函数返回，每个 gang 实例上的 LocallyExecutingSliceIndex 返回的结果都不同，也就是前面说的按照 slice 来返回。所以返回的 MotionState 会以参数的形式进入 ExecutePlan，这样每个 gang 的执行计划都不一样。

代码清单 4-23　执行计划和 slice 编号

```
    else if (exec_identity == GP_NON_ROOT_ON_QE)
    {
        MotionState *MotionState = getMotionState(queryDesc->planstate,
LocallyExecutingSliceIndex(estate));
        Assert(MotionState);
        result = ExecutePlan(estate,(PlanState *) MotionState,
                          CMD_SELECT,0,ForwardScanDirection,dest);
    }
```

第 5 章

分布式事务的实现

5.1 分布式事务的原理和两阶段提交

从用户的角度来看，分布式事务和单机版的事务实现的功能相差不大，原理也类似，但是它们的实现方式差别很大，各种实现方式对于 CAP 理论的折中取舍策略差别也很大。本节在介绍原理以后重点介绍两阶段提交的实现方式，这也是 Greenplum 分布式事务的实现方式。

5.1.1 事务隔离

事务是数据库的核心模块。如图 5-1 所示，事务具有 ACID 特性。

特性	特性意义	PostgreSQL数据库的具体实现方式
原子性 （atomicity）	事务中的操作，要么全部完成，要么全部不完成，不会结束在中间某个环节	WAL、分布式事务（2PC）
一致性 （consistency）	数据库要保证事务从一个一致性状态转移到另一个一致性状态	按照数据库理论，一致性表示遵守数据库里面的约束和规则。也就是说数据库里面对数据的操作，必须要满足约束和规则
隔离性 （isolation）	数据库允许多个并发事务同时对其数据进行读写和修改，隔离性可以防止多个事务并发执行时由于交叉执行而导致数据不一致。事务隔离分为不同级别，包括读未提交（read uncommitted）、读已提交（read committed）、可重复读（repeatable read）和串行化（serializable）	基于锁、基于时间戳排序、基于有效性确认、基于MVCC
持久性 （durability）	提交的事务对数据库的改变是持久的	WAL和缓存/存储的管理

图 5-1 事务的 ACID

这 4 个特性由早年的数据库科学家提出来并沿用至今。数据库的研发和设计，也围绕着这些基本特性。本节重点介绍 ACID 里面 "I" 的内容，也就是隔离性和隔离级别。由于事务是具有原子性的，事务之间不可能有中间状态，所以事务之间要隔离。SQL 标准把事务隔离级别分成了 4 级，如图 5-2 所示。

类别	隔离级别			
	读未提交	读已提交	可重复读	串行化
脏读	可能发生	不可能发生	不可能发生	不可能发生
不可重复读	可能发生	可能发生	不可能发生	不可能发生
幻读	可能发生	可能发生	可能发生	不可能发生

图 5-2 事务的隔离级别

读未提交允许脏读，不管事务进行到哪一步，该事务所做的改动对别的事务均可见。这个级别是令人难以接受的。

读已提交没有脏读。但是，在并发的情况下，同一事务的多条语句处理的数据集会不一样。

可重复读没有脏读，也可以重复读，读取相同数据，结果是一样的。但是如果读取整体数据集，还是会有问题，比如统计数据集的数量时，前后的统计结果会有差异。

串行化事务在并发的过程中，完全按照顺序的方式进行。这是最理想的约束条件，但是工程实现上基本不会考虑它，因为其并发度非常低。

这里重点解释一下不可重复读和幻读这两种异常的区别。先举个简单的例子，如图 5-3 和图 5-4 所示。

时间顺序	事务1	事务2
1	开始事务	……
2	第一次查询，Lily年纪为8岁	……
3	……	开始事务
4	其他操作	……
5	……	更新Lily年纪为9岁
6	……	提交事务
7	第二次查询，Lily年纪为9岁	……
错误	事务1的两次查询中，Lily的年纪不一致	

图 5-3 不可重复读

不可重复读是指读取了其他事务更改的数据，主要针对更新操作。其解决方法主要是使用行级锁锁定行，事务多次读取操作完成后才释放该锁，这个时候才允许其他事务更改刚才的数据。

幻读读取了其他事务新增的数据，主要针对插入和删除操作。其解决方法主要是使用表级锁

第 5 章 分布式事务的实现

时间顺序	事务1	事务2
1	开始事务	……
2	第一次查询，数据总量为10条	……
3	……	开始事务
4	其他操作	……
5	……	新增10条数据
6	……	提交事务
7	第二次查询，数据总量为20条	……
错误	事务1的两次查询，数据总量不一致	

图 5-4　幻读

锁定整张表，事务多次读取数据总量之后才释放该锁，这个时候才允许其他事务新增数据。

Greenplum 实现了中间的两个隔离级别，即读已提交和可重复读，其默认的隔离级别是读已提交。

为什么会强调隔离级别的概念？因为数据库的并发控制应用场景提出了需求，数据库在实现的时候，既要考虑并发度，又要考虑隔离级别。隔离级别实现方式有几大类，如基于锁、基于时间戳排序、基于有效性确认、基于 MVCC。基于锁的隔离级别属于悲观策略的范畴；基于时间戳排序和基于有效性确认的隔离级别属于乐观策略的范畴；基于 MVCC 的隔离级别属于读写分离策略的范畴。

介绍 MVCC 之前，先介绍图 5-5 所示的堆表页面布局。

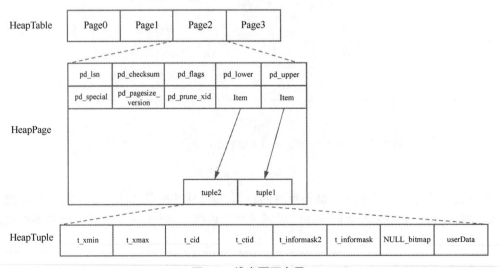

图 5-5　堆表页面布局

Greenplum 中的每一个表都是一个文件，文件的底层数据布局由一些大小约 32KB 的页组成。将页展开后可以看到，页中包括表头的一些信息，表头信息后是由 Item 组成的数组，Item 代表了具体的元组。HeapPage 中，前面是一些定长的指针，指针里是偏移量，而偏移量指向真正存储数据的元组。指针从前向后增长，元组从后向前增长，中间是空闲空间。元组的内部结构由两部分组成，后面部分是用户数据，前面部分是可见性信息，存了 xmin、xmax、cid、ctid 字段的信息，如表 5-1 所示。xmin 和 xmax 是用来跟踪事务之间的可见性的，而 cid 是用来记录事务内部的可见性的，ctid 是用来表示数据行在其所处的表内的物理位置的。

表 5-1 堆表相关字段的功能

字段名	功能
xmin	创建元组的事务标识
xmax	删除元组的事务标识，有时用于行级锁
cid	事务内的查询命令编号，记录事务内部的可见性
ctid	指向当前元组的指针，由两个成员 blocknumber、offset 组成
userData	用户数据

Greenplum 使用快照判断事务是否已提交，快照的目的是在某个时间点跟踪所有事务的运行状态，用来控制元组是否对当前查询可见。快照和元组里的 xmin、xmax 一起决定元组的可见性。

图 5-6 简要展示了 PostgreSQL/Greenplum 里面主要的对元组的操作。

图 5-6 堆表对元组的操作

5.1.2 两阶段提交

前文介绍过一致性算法，介绍了 2PC 算法和 3PC 算法。对于分布式事务来说，两阶段提交协议是分布式系统里面的主流协议。所以本书以 Greenplum 为基础，详细地介绍工业化水平的两阶段提交的实现。图 5-7 和图 5-8 分别从受众模块与交互的角度简单展示了两阶段提交的过程。

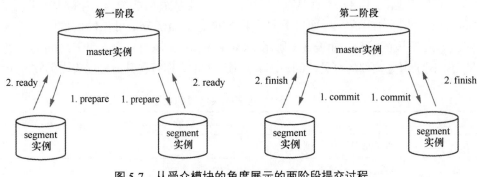

图 5-7　从受众模块的角度展示的两阶段提交过程

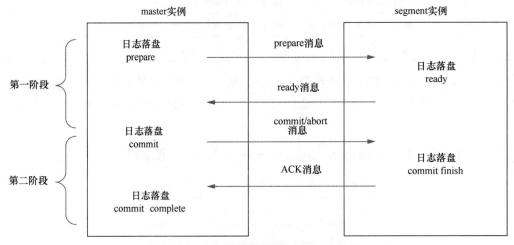

图 5-8　从交互的角度展示的两阶段提交过程

5.2　steal/force 和 WAL 协议

本节要介绍一些数据库理论知识，为后面具体讲解分布式事务打下基础。PostgreSQL 和 Greenplum 都使用了 MVCC 技术、WAL 技术，但是使用这些技术背后的原因是什么？

图 5-9 中有两个重要的概念：steal 和 force。数据库的数据最终会存放在磁盘里，但是在事务执行的过程中，中间数据要存放在内存缓存里。关于磁盘和内存缓存或 CPU 缓存的使用，都有方方面面的策略。这些策略总体来说无非是在速度和可靠性这两个方面取折中。steal 和 force 就被用于表述这样的策略问题，如表 5-2 所示，一共存在 steal、force、no-steal 和

no-force 四个维度的缓存策略。

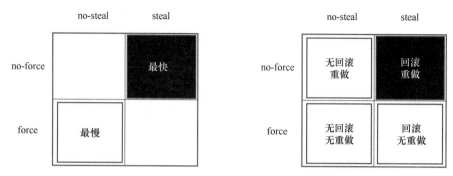

图 5-9 steal 和 force

表 5-2 数据库缓存策略

策略	策略内容
steal	对于未提交的事务,缓存里面被修改过的脏页面可以被刷回持久存储
no-steal	对于未提交的事务,缓存里面被修改过的脏页面不可以被刷回持久存储
force	在事务提交的时候,事务修改的数据页面被强制刷回持久存储
no-force	在事务提交的时候,事务修改的数据页面不需要被强制刷回持久存储

从直观上看,steal 和 force 这两个策略的意思很清楚,为了保证数据库的 ACID 原则,我们在实现数据库的时候,肯定会使用 force 和 no-steal 这两个策略。那为什么要提出来讲呢?因为工程实现和理论不一样,会遇到种种问题。

- force 策略的问题。每次提交都要把数据刷回持久存储,对持久存储的访问会非常频繁,这会导致数据库性能低下。

- no-steal 策略的问题。因为实际的数据库系统的并发度有限,存储数据页面的缓存大小也是有限的。假设我们有一个资源消耗很大的 SQL,请求修改的页面把所有的缓存都占满了,但是一直不提交,那么其他的 SQL 就无法进行。

上面的两个问题是工程实现过程中向数据库提出的两个非常实际的问题。怎么解决这样的问题呢?数据库给出的答案是通过日志解决。

在使用数据库的时候,不追求使用 force 和 no-steal 这两个策略,转而使用 no-force 和 steal 这两个策略。具体内容请读者回顾表 5-2 和图 5-9 的内容。

steal 对应一种叫作回滚日志(undo log)的文件,允许缓存里面被修改过的脏页面被刷回持久存储,但是为了保证原子性,要先更新回滚日志。回滚日志里面记录了被修改的对象的旧值。

no-force 对应一种叫作重做日志的文件,在事务提交的时候,事务修改的数据页面不需要被强制刷回持久存储,但是为了保证持久性,要先更新重做日志。重做日志里面记录了被修改的对象的新值。

这样记录的日志在什么时候使用呢?就是在系统崩溃的时候使用。系统崩溃的时间点不同,日志的使用方式也不同。对于回滚日志(它记录的是旧值),系统在任何时候发生崩溃,恢复时都会对回滚日志从后往前扫描,对未提交的事务日志做撤销操作。这样就可以撤销那些未提交事务的修改,保证数据恢复到原来的值。对于 redo log(它记录的是新值),系统在任何时候发生崩溃,恢复时都会对重做日志从前往后扫描,对已提交的事务日志做重做操作。这样就可以把已经提交的事务恢复,保证数据变成新的值。在使用的时候,把回滚日志和重做日志结合,既记录旧值也记录新值。恢复时,第一个阶段是分析阶段,第二个阶段是重做操作,第三个阶段是撤销操作。

记录重做日志与回滚日志的日志叫作 WAL。它是按照 WAL 协议开发的。WAL 协议提出来以后,工程的实现还是会遇到各种问题,比如恢复过程中的异常、检查点、并发控制等。后来 IBM Db2 的研发人员提出了一种叫作 ARIES 的恢复算法[1],这个算法提出来以后,才奠定了数据库按日志恢复的基础。另外,数据库基本上为了保证并发都用了 MVCC 技术,但不同数据库实现的 MVCC 是不一样的。PostgreSQL/Greenplum 实现的 MVCC 执行更新元组操作时不是原地(in-place)更新,而是重新创建元组,在相同的存储空间里另外创建一个新的元组,把新值写到元组里。如图 5-6 所示,这样新值和旧值都存储在一起,而且链接起来了。

就是因为这样的特点,PostgreSQL/Greenplum 不用记录回滚日志,而且做撤销操作是很快的。因为当事务扫描到一个元组时,可以通过可见性判断来决定该元组是否对当前的事务可见。Oracle/MySQL 是有回滚日志的,做撤销操作的时候也需要控制并发,并且需要用 ARIES 恢复算法来实现。

5.3 PostgreSQL 事务处理和状态机介绍

Greenplum 是从 PostgreSQL 二次开发而来的,加入了分布式相关逻辑,PostgreSQL 的事务处理架构仍旧是基础和重点。Greenplum 分布式事务的单机逻辑方面的执行,仍旧使用

---

1 MOHAN C, HADERLE D, LINDSAY B, et al. ARIES: a transaction recovery method supporting fine-granularity locking and partial rollbacks using write-ahead logging[J]. ACM Transactions on Database Systems, 1992, 17 (1): 94-162.

的是 PostgreSQL 的事务处理框架。所以，本节主要对 PostgreSQL 的事务处理[1]做总结，以为后续章节内容的展开打下基础。

5.3.1 PostgreSQL 事务处理

图 5-10 所示的是 PostgreSQL 里的 README 文件的一部分，这部分详细地描述了事务的各种操作关系和函数调用关系，我们取其中的一段简单介绍。

```
For example, consider the following sequence of user commands:

1)          BEGIN
2)          SELECT * FROM foo
3)          INSERT INTO foo VALUES (...)
4)          COMMIT

In the main processing loop, this results in the following function call
sequence:

      /  StartTransactionCommand;
     /       StartTransaction;
1) < ProcessUtility;                  << BEGIN
     \       BeginTransactionBlock;
      \ CommitTransactionCommand;

      /  StartTransactionCommand;
2) /  PortalRunSelect;                << SELECT ...
     \ CommitTransactionCommand;
      \      CommandCounterIncrement;

      /  StartTransactionCommand;
3) /  ProcessQuery;                   << INSERT ...
     \ CommitTransactionCommand;
      \      CommandCounterIncrement;

      /  StartTransactionCommand;
     /  ProcessUtility;               << COMMIT
4) <        EndTransactionBlock;
     \ CommitTransactionCommand;
      \      CommitTransaction;
```

图 5-10　README 文件的一部分

图 5-10 所示的是一套简单的 begin/commit 操作，每一条语句都会被 StartTransactionCommand 和 CommitTransactionCommand 标识。因为是 begin 命令，所以有 BeginTransactionBlock，同时会调用 StartTransaction 表示事务开始。BeginTransactionBlock 是 begin 命令专有的函数，表示后续的 SQL 语句是完整的事务，所以要做一些状态处理。StartTransaction 函数属于底层的事务调用，无论有没有 begin 命令都会调用。

在 BEGIN 模块里面，ProcessUtility 是具体执行逻辑的地方，包含 BeginTransactionBlock。Greenplum 会在 master 实例和 segment 实例上面都执行 begin。在 INSERT 模块里面，ProcessQuery 是具体执行逻辑的地方，Greenplum 会在这里把与 insert 命令相关的 SQL 语句发到对应的 segment 实例上。

---

[1] 彭智勇, 彭煜玮. PostgreSQL 数据库内核分析[M]. 北京:机械工业出版社, 2012:343-430.

在 COMMIT 模块里，CommitTransaction 是具体执行逻辑的地方。在 Greenplum 的 COMMIT 模块里有两个步骤，第一步发送 DTX_PROTOCOL_COMMAND_PREPARE 到每个 segment 实例，第二步发送 DTX_PROTOCOL_COMMAND_COMMIT_PREPARE 到每个 segment 实例。以上两步发送的信息是两阶段提交的主要协议信息，这里只进行简短的描述。PostgreSQL 的逻辑和架构是 Greenplum 的基础，Greenplum 实现的功能都是在 PostgreSQL 的基础上进行二次开发得到的。

5.3.2 PostgreSQL 状态机

PostgreSQL 的事务块分为上层事务块和底层事务块。

首先，底层事务块需要做的是执行每条命令，负责资源和锁的获取和释放、信号的处理、日志记录等相关操作。状态机列表如代码清单 5-1 所示，比较简单。

代码清单 5-1　PostgreSQL 状态机列表

```
/* 服务端的状态机列表 */
typedef enum TransState
{
    TRANS_DEFAULT,              /* 空闲状态 */
    TRANS_START,                /* 事务启动 */
    TRANS_INPROGRESS,           /* 事务正常运行中 */
    TRANS_COMMIT,               /* 正在执行 commit 操作 */
    TRANS_ABORT,                /* 正在执行 abort 操作 */
    TRANS_PREPARE               /* 正在执行 prepare 操作 */
} TransState;
```

相关的函数主要有 6 个。

StartTransaction 由 BEGIN 模块的 StartTransactionCommand 调用，调用结束后事务块状态为 TBLOCK_START；CommitTransaction 由 COMMIT 模块的 CommitTransactionCommand 调用，提交事务；PrepareTransaction 在两阶段提交过程中做 prepare 操作；FinishPreparedTransaction 在两阶段提交过程中做 commit prepare 操作；AbortTransaction 和 CleanupTransaction 释放资源，以恢复事务的默认状态。

上层事务块有如代码清单 5-2 所示的状态机状态。

代码清单 5-2　PostgreSQL 上层事务块状态机状态

```
typedef enum TBlockState
{
    TBLOCK_DEFAULT,
    TBLOCK_START,
```

```
        TBLOCK_BEGIN,
        TBLOCK_INPROGRESS,
        TBLOCK_IMPLICIT_INPROGRESS,
        TBLOCK_PARALLEL_INPROGRESS,
        TBLOCK_END,
        TBLOCK_ABORT,
        TBLOCK_ABORT_END,
        TBLOCK_ABORT_PENDING,
        TBLOCK_PREPARE,
        /* 子事务块状态 */
        TBLOCK_SUBBEGIN,
        TBLOCK_SUBINPROGRESS,
        TBLOCK_SUBRELEASE,
        TBLOCK_SUBCOMMIT,
        TBLOCK_SUBABORT,
        TBLOCK_SUBABORT_END,
        TBLOCK_SUBABORT_PENDING,
        TBLOCK_SUBRESTART,
        TBLOCK_SUBABORT_RESTART
} TBlockState;
```

经典的事务块状态转换如图 5-11 所示。

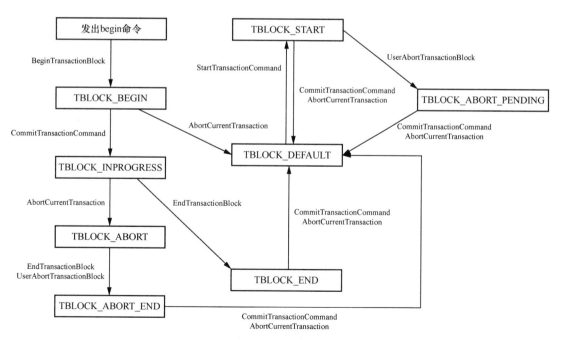

图 5-11　PostgreSQL 事务块状态转换

表 5-3 所示的函数列表是 PostgreSQL 事务块状态机相关的函数。

表 5-3　PostgreSQL 事务块状态机相关的函数

函数名	函数内容
StartTransactionCommand	事务块中每条语句执行前都会调用
CommitTransactionCommand	事务块中每条语句执行结束后都会调用
AbortCurrentTransaction	事务块中语句执行错误时，在调用点调用
EndTransactionBlock	遇见 commit 命令时调用，可能成功提交，也可能回滚
BeginTransactionBlock	遇见 begin 命令时调用，状态变为 TBLOCK_BEGIN
UserAbortTransactionBlock	遇见 rollback 命令时调用

5.4　分布式事务状态机

本节介绍 Greenplum 分布式事务状态机，代码清单 5-3 先给出一个重要的数据结构。这是 Greenplum 里重要的数据结构，和本节内容相关的 DtxState state 也存放在这个结构里面。

代码清单 5-3　分布式事务状态机数据结构

```
typedef struct TMGXACT
{
    char                      gid[TMGIDSIZE];
    DistributedTransactionId  gxid;
    DtxState                  state;
    int                       sessionId;
    bool                      explicitBeginRemembered;
    DistributedTransactionId  xminDistributedSnapshot;
    bool                      badPreparegangs;
    int                       debugIndex;
    bool                      directTransaction;
    uint16                    directTransactionContentId;
} TMGXACT;
```

Greenplum 分布式事务状态机如图 5-12 所示，相关的代码片段如代码清单 5-4 所示。

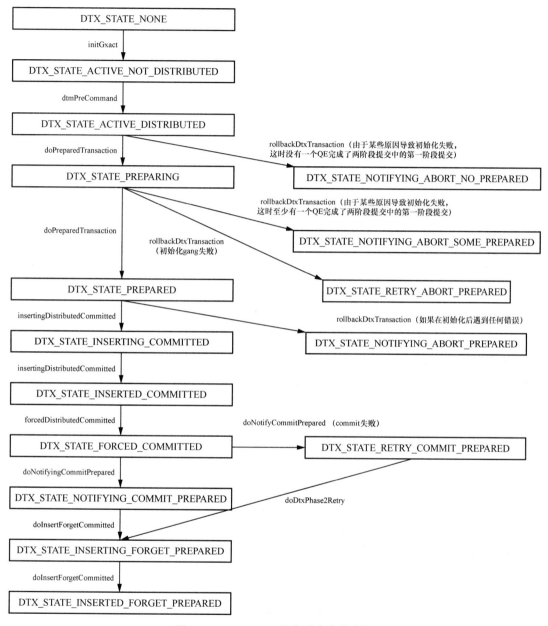

图 5-12 Greenplum 分布式事务状态机

代码清单 5-4 分布式事务状态机

```
/* DTX 状态机列表，用于从 master 实例的角度跟踪分布式事务的状态变化*/
typedef enum
{
    DTX_STATE_NONE = 0,
    DTX_STATE_ACTIVE_NOT_DISTRIBUTED,
```

```
        DTX_STATE_ACTIVE_DISTRIBUTED,
        DTX_STATE_ONE_PHASE_COMMIT,
        DTX_STATE_NOTIFYING_ONE_PHASE_COMMIT,
        DTX_STATE_PREPARING,
        DTX_STATE_PREPARED,
        DTX_STATE_INSERTING_COMMITTED,
        DTX_STATE_INSERTED_COMMITTED,
        DTX_STATE_FORCED_COMMITTED,
        DTX_STATE_NOTIFYING_COMMIT_PREPARED,
        DTX_STATE_INSERTING_FORGET_COMMITTED,
        DTX_STATE_INSERTED_FORGET_COMMITTED,
        DTX_STATE_NOTIFYING_ABORT_NO_PREPARED,
        DTX_STATE_NOTIFYING_ABORT_SOME_PREPARED,
        DTX_STATE_NOTIFYING_ABORT_PREPARED,
        DTX_STATE_RETRY_COMMIT_PREPARED,
        DTX_STATE_RETRY_ABORT_PREPARED,
        DTX_STATE_CRASH_COMMITTED,
} DtxState;
```

代码清单 5-4 里的状态在图 5-12 里基本都有展示。DTX_STATE_CRASH_COMMITTED 没有，这个状态会在数据库恢复重做操作的过程中出现。DTX_STATE_ONE_PHASE_COMMIT 和 DTX_STATE_NOTIFYING_ONE_PHASE_COMMIT 两个状态与一种特殊的一阶段提交有关，限于篇幅，这里不做过多的分析和解释。

创建分布式事务的函数在最开始会调用 initGxact，QD 的状态先被设置成 DTX_STATE_NONE，然后被设置成 DTX_STATE_ACTIVE_NOT_DISTRIBUTED。dtmPreCommand 函数会进行一些 prepare 操作的准备工作，状态被设置成 DTX_STATE_ACTIVE_DISTRIBUTED。

程序现在开始进行 prepare 操作，如果现在就发生错误，会进入 rollbackDtxTransaction 函数，状态被设置成 DTX_STATE_NOTIFYING_ABORT_NO_PREPARED。在这个状态中，会给 QE 发送 DTX_PROTOCOL_COMMAND_ABORT_NO_PREPARED 信息。当然，收到这样信息的 QE 就开始终止事务。

然后跟着主线走，还是在 doPrepareTransaction 函数内，状态会变成 DTX_STATE_PREPARING，然后变成 DTX_STATE_PREPARED。如果逻辑最终到达这个状态，第一阶段的 prepare 就都完成了。这个状态的错误会引发出另外两个状态，DTX_STATE_RETRY_ABORT_PREPARED 状态主要的成因是 QD 到 QE 的 gang 通信失败，DTX_STATE_NOTIFYING_ABORT_SOME_PREPARED 状态的成因是其他的失败情况，比如有可能有的 QE prepare 成功了，有的 QE prepare 失败了。相应的信息也会发给 QE，比如 DTX_PROTOCOL_COMMAND_ABORT_SOME_PREPARED。

同时在 QE 节点，收到比如 DTX_PROTOCOL_COMMAND_ABORT_SOME_PREPARED 信息的时候，QE 也会根据自己当前的不同状态进行处理。所以 QD 节点不同的状态反映到 QE 节点，也有对应的分支。

接着 DTX_STATE_PREPARED 状态往后，QD 节点就开始插入事务日志。在插入事务日志之前，如果出现异常，就会进入 DTX_STATE_NOTIFYING_ABORT_PREPARED。这个状态里面会向所有的 QE 发送终止信息，将之前 prepare 操作过的事务终止。

继续往后，在经历了 DTX_STATE_INSERTING_COMMITTED 和 DTX_STATE_INSERTED_COMMITTED 两个状态后，就进入第二阶段提交。程序会调用 doNotifyingCommitPrepared 向所有 QE 发 commit prepare 信息，如果失败会进入重试状态 DTX_STATE_RETRY_COMMIT_PREPARED。这个状态里会调用 doDtxPhase2Retry 函数，按照 GUC 里面的次数，不停地重试，直到所有的 QE 都 commit prepare 成功。如果不成功，分布式事务就会被"硬核"地直接重置（PANIC）掉，这点在之前描述过了。

大家请试想被重置的原因，有可能有的 QE 事务提交成功了，有的 QE 事务提交失败了，这样的情况是两阶段提交不能解决的，所以只有反复重试而别无他法。

如果 doNotifyingCommitPrepared 成功，QD 就进入最后的状态，把自己本地的事务日志插入好，然后调用 doInsertForgetCommitted，流程结束。图 5-12 所示的分布式事务状态机清楚地描述了分布式两阶段提交。

前面描述的是 QD 节点的状态变化，QE 节点因为都是在接收来自 QD 的信息，所以状态变化比较简单。函数 performDtxProtocolCommand 的代码如代码清单 5-5 所示，该函数在 QE 节点很重要，读者可以自行查阅细节内容。

代码清单 5-5　performDtxProtocolCommand 函数

```
/* segment 实例上处理 DtxProtocolCommand 消息 */
Void performDtxProtocolCommand(DtxProtocolCommand dtxProtocolCommand,
                    int flags __attribute__((unused)) ,
                    const char *loggingStr __attribute__((unused)) ,
                    const char *gid,
                    DistributedTransactionId gxid __attribute__((unused)),
                    DtxContextInfo *contextInfo) {
```

5.5　简单完整的分布式事务

通过前文的学习，大家应该熟悉了分布式事务的相关理论和 Greenplum 数据库的一些基础模块。本节将介绍基于两阶段提交的分布式事务的具体实现，这是分布式事务的核心内容。本节的内容和前面内容有很多联系，读者可以参照理解。

5.5.1　初始化和 begin 命令

从简单的 begin 命令开始，观察 Greenplum 分布式事务的工作方式。前面描述过 PostgreSQL

本地事务的一个简单例子，如图 5-13 所示。

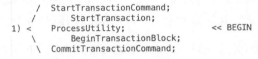

图 5-13　PostgreSQL 事务 begin 命令

每一条 SQL 命令（包括这里的 begin 命令）都被 StartTransactionCommand 和 CommitTransactionCommand 标识，里面有 StartTransaction 和 BeginTransactionBlock 函数调用。在 Greenplum 里面，这几个函数在执行过程中会被加上与分布式相关的逻辑。

关于几个受众之间的通信关系：因为只有 begin 命令，所以只用了 libpq 通信协议库通信，如果后面有复杂的查询，会使用 Greenplum 自研的 Interconnect 机制做数据交互。

图 5-14 所示是 begin 命令的通信过程。

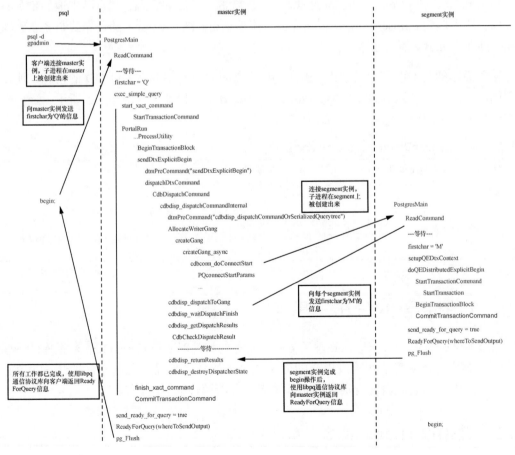

图 5-14　Greenplum 分布式事务 begin 命令

客户端用"psql -d gpadmin"连接 master 实例，命令会先连接父进程 postmaster，然后会创建子进程 Postgres，进入入口函数 PostgresMain，这也是 PostgreSQL 单机版的常规动作。客户端执行 begin 命令，通过 libpq 通信协议库发送命令到 master 实例，如代码清单 5-6 所示，发送了一条简单查询命令。

代码清单 5-6　简单查询命令

```
case 'Q':                /* 简单查询 */
```

master 实例从父进程被创建出来后，一直在 ReadCommand 函数这里等待命令，如代码清单 5-7 所示。

代码清单 5-7　ReadCommand 函数

```
/* segment 实例上处理 DtxProtocolCommand 消息 */
static int ReadCommand(StringInfo inBuf)
{
    int result;
    SIMPLE_FAULT_INJECTOR(BeforeReadCommand);
    if (whereToSendOutput == DestRemote)
        result = SocketBackend(inBuf);
    else
        result = InteractiveBackend(inBuf);
    return result;
}
```

master 实例是从 SocketBackend 读入数据的。读到以后发现 firstchar = 'Q'，所以它是一条简单查询命令，经过查询语句的解析发现是一条单独的 begin 命令，就在本地执行了 BeginTransactionBlock。之后开始调用 sendDtxExplicitBegin，开始做分布式的工作。

代码清单 5-8 所示的函数是用来标识目前的分布式事务是否要使用两阶段提交协议的，也就是修改状态机 "currentGxact->state" 的状态。如图 5-14 所示，begin 命令只是做了全局性的初始化工作，所以状态机没有深入地继续发生变化。但是注意，后面的 currentGxact->state 的值是需要设置状态的。该函数以前叫作 setCurrentDtxTwoPhase，后来加了一些其他功能，改名为 dtmPreCommand。

代码清单 5-8　dtmPreCommand 函数（一）

```
dtmPreCommand("sendDtxExplicitBegin", "(none)", NULL,
    /* 是否两阶段 */ true, /* 是否有快照 */ true, /* 是否游标 */ false );
```

接着后面到了 dispatchDtxCommand 函数，再到 cdbdisp_dispatchCommandInternal，然后又调用了一次 dtmPreCommand，如代码清单 5-9 所示。

代码清单 5-9　dtmPreCommand 函数（二）

```
dtmPreCommand("cdbdisp_dispatchCommandOrSerializedQuerytree", strCommand,
        NULL, needTwoPhase, withSnapshot, false /* 是否游标 */);
```

最后到 AllocateWriterGang，如代码清单 5-10 所示，这里面检测到没有 gang，然后开始创建 gang。

代码清单 5-10　创建 gang（一）

```
writergang = creategang(GANGTYPE_PRIMARY_WRITER,PRIMARY_WRITER_GANG_ID,nsegdb,-1);
```

gang 工作在不同实例上，是为了同一个 slice 而生成的一组内存资源。代码清单 5-11 展示了 gang 的物理存在形式，这段代码是运行在 master 实例上的。

代码清单 5-11　创建 gang（二）

```
if (writergang == NULL)
{
    int nsegdb = getgpsegmentCount();
    if (gangContext == NULL)
    {
        gangContext = AllocSetContextCreate(TopMemoryContext,"gang Context",
ALLOCSET_DEFAULT_MINSIZE, ALLOCSET_DEFAULT_INITSIZE, ALLOCSET_DEFAULT_MAXSIZE);
    }
    Assert(gangContext != NULL);
    oldContext = MemoryContextSwitchTo(gangContext);
    writergang = creategang(GANGTYPE_PRIMARY_WRITER,PRIMARY_WRITER_GANG_ID,nsegdb,-1);
    writergang->allocated = true;
    for(i = 0; i < writergang->size; i++)
            setQEIdentifier(&writergang->db_descriptors[i],-1,writergang->pergangContext);
    MemoryContextSwitchTo(oldContext);
}
```

接着从 creategang 开始介绍。有一个 GUC 叫作 gp_connections_per_thread，能决定是使用多线程的方式去建立 master 实例到 segment 实例的数据库连接，还是用异步方式建立连接。默认的数值是 0，表示用异步方式，就是用 connect 系统调用做连接，然后 poll 系统调用做套接字（socket）的异步监控，直到最后把所有连接都建立好，把 fd 存好。如果该 GUC 的数值不是 0，就会用多线程的方式来连接 segment 实例，启动多少个线程需要根据 GUC 的值和 segment 实例的数量来计算。示例用的是默认值，所以是异步方式，通过 createGang_async 最后调用了 PQconnectStartParams，这个函数就相当于 psql 客户端执行"psql -d gpadmin"去连接每个 segment 实例。这些进程也会创建子进程出来，然后开始准备环境，执行后续的 SQL 命令。逻辑到了这里，master 实例连接 segment 实例通路的建立工作就完成了。

后面的函数就是在发送具体的命令，也就是 begin 命令。cdbdisp_dispatchToGang 发送命令，因为是异步方式，cdbdisp_waitDispatchFinish 等待发送完成，然后 cdbdisp_getDispatchResults 等待 segment 实例回复结果。cdbdisp_dispatchToGang 发送命令用到了一个新的消息协议，就是 firstchar = 'M'。回顾前面的协议相关内容，Greenplum 在 PostgreSQL 的通信协议基础上增加了两个新的协议，如代码清单 5-12 所示。

代码清单 5-12　Greenplum 扩展协议（一）

```
case 'M':        /* master 实例的 MPP 分发 */
case 'T':        /* master 实例的 MPP 分发 DTX 协议 */
```

master 实例上面发送了消息以后，就开始等待所有的 segment 实例的回复。

segment 实例在启动以后，还是和一般的 PostgreSQL 应用一样用 ReadCommand 等待输入，这里等到的是 firstchar = 'M'。针对这个分支，segment 实例会进入一个函数，叫作 setupQEDtxContext，在这个函数里面完成了 PostgreSQL 单机版 begin 命令的所有操作，然后用 ReadyForQuery 函数给 master 实例回复 ReadyForQuery 消息，这个消息也是数据库通信协议定义过的，回复的是一个 firstchar 为'Z'的消息，如代码清单 5-13 所示。

代码清单 5-13　Greenplum 扩展协议（二）

```
case 'Z':        /* 后端准备好接收新消息 */
```

再切换回 master 实例。通过函数 cdbdisp_returnResults 把结果返回，然后清理 gang 的上下文内存。因为是用的异步方式，所以函数是 cdbdisp_destroyDispatcherState，如果是多线程的方式，函数应该是 cdbdisp_destroyDispatchThreads。接着 master 实例用 CommitTransactionCommand 结束 begin 命令，然后用和 segment 实例相同的方式返回 ReadyForQuery 消息给 psql 客户端，整个过程结束。

回顾一下 begin 命令的执行过程。psql 永远是发起命令的客户端，master 实例对于 psql 来说是服务端，但在 Greenplum 集群内部还扮演了客户端的角色去访问每个 segment 实例。如果只传送关键字命令，比如 begin 命令、commit 命令、rollback 命令等，segment 实例上的逻辑略微简单；如果有复杂的 SQL 语句，整个过程会变得更加复杂，但是整体逻辑变化不大。

5.5.2　insert 命令

接着前面的 begin 命令分析，紧跟着是 insert 命令。因为是 insert 命令，所以在 QE 上面的执行逻辑不多。本节尽量用简单的业务逻辑描述清楚 insert 命令执行的过程，为后面介绍 commit 命令的两阶段提交打下基础。

如图 5-15 所示，在 begin 命令执行完成后客户端执行 "insert into t2 values (1,10)"，psql 给 QD 发送信息，ReadCommand 返回 firstchar 为'Q'的信息。QD 的 PortalRun 进入 ExecutorStart 函数，dtmPreCommand 没有向 QE writer gang 发送信息，只是在 QD 上修改了状态机的状态。QD 在 ExecutorStart 函数里面调用 CdbDispatchPlan 把执行计划发送给各个 QE writer gang，

这些 QE writer gang 都是在执行 begin 命令的时候被启动的，启动以后都在监听来自 QD 的信息。QD 发送完执行计划以后，就进入 ExecutorEnd 函数，等待 QE writer gang 发送结果回来，具体的等待函数是 CdbCheckDispatchResult。在 QE writer gang 上，ReadCommand 得到 firstchar 为'M'的信息，按照这个信息开始进入 ExecutorRun 函数，函数会调用 ExecutePlan 函数，这就是执行计划具体执行的地方。

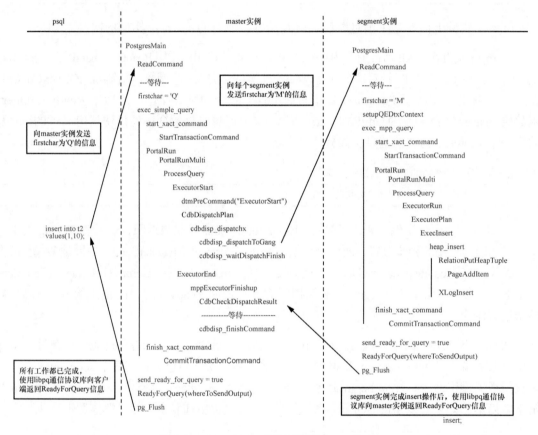

图 5-15 Greenplum 分布式事务 insert 命令

ExecInsert 被执行后，有两个函数分支。一个是写数据本身，函数调用关系是"heap_insert →RelationPutHeapTuple→PageAddItem"。另一个分支是 XLogInsert，也就是在写 WAL。这两个函数分支被调用完后，会按照正常的流程返回 ReadyForQuery 消息给 QD，所有的 QE writer gang 都会做这样的操作，QD 也会收到所有的 QE writer gang 返回的 ReadyForQuery 消息。当 QD 返回 ReadyForQuery 消息给 psql 客户端后，整个过程结束。图 5-16 展示了 QD 上的函数栈，图 5-17 展示了 QE 上的函数栈。

QD 上实现的所有步骤和 PostgreSQL 事务过程的所有步骤是一致的。有 3 个函数 ExecutorStart、ExecutorRun 和 ExecutorEnd，不管是在 QD 上还是在 QE 上，都会执行。

```
Breakpoint 1, cdbdisp_dispatchX (pQueryParms=0x16e11e0, cancelOnError=1 '\001', sliceTbl=0x16dccb8, ds=0x16dcba8) at
cdbdisp_query.c:1175
1175        SliceVec *sliceVector = NULL;
(gdb) bt
#0  cdbdisp_dispatchX (pQueryParms=0x16e11e0, cancelOnError=1 '\001', sliceTbl=0x16dccb8, ds=0x16dcba8) at cdbdisp_query.c:1175
#1  0x00000000000ad344a in CdbDispatchPlan (queryDesc=0x16dc518, planRequiresTxn=1 '\001', cancelOnError=1 '\001', ds=0x16dcba8)
    at cdbdisp_query.c:287
#2  0x00000000006f1170 in ExecutorStart (queryDesc=0x16dc518, eflags=0) at execMain.c:686
#3  0x00000000008f0d5f in ProcessQuery (portal=0x15782a8, stmt=0x16c7e50, params=0x0, dest=0x16c7a98, completionTag=0x7ffc82337180
"")
    at pquery.c:291
#4  0x00000000008f2ba9 in PortalRunMulti (portal=0x15782a8, isTopLevel=1 '\001', dest=0x16c7a98, altdest=0x16c7a98,
    completionTag=0x7ffc82337180 "") at pquery.c:1467
#5  0x00000000008f20dc in PortalRun (portal=0x15782a8, count=9223372036854775807, isTopLevel=1 '\001', dest=0x16c7a98,
altdest=0x16c7a98,
    completionTag=0x7ffc82337180 "") at pquery.c:1029
#6  0x00000000008ea459 in exec_simple_query (query_string=0x160fc18 "insert into t2 values (10,11);", seqServerHost=0x0,
seqServerPort=-1)
    at postgres.c:1776
#7  0x00000000008eef4f in PostgresMain (argc=1, argv=0x1572f40, dbname=0x1572d78 "postgres", username=0x1572d38 "gpadmin") at
postgres.c:4975
#8  0x00000000008822e5 in BackendRun (port=0x15834a0) at postmaster.c:6732
#9  0x0000000000881971 in BackendStartup (port=0x15834a0) at postmaster.c:6406
#10 0x000000000087a7e1 in ServerLoop () at postmaster.c:2444
#11 0x00000000008790ea in PostmasterMain (argc=15, argv=0x154a0a0) at postmaster.c:1528
#12 0x0000000000791ba9 in main (argc=15, argv=0x154a0a0) at main.c:206
```

图 5-16　Greenplum 分布式事务执行中 insert 命令在 QD 节点上的函数调用关系

```
(gdb) c
Continuing.

Breakpoint 2, XLogInsert (rmid=10 '\n', info=0 '\000', rdata=0x7ffc3a2ac3b0) at xlog.c:778
778         return XLogInsert_Internal(rmid, info, rdata, GetCurrentTransactionIdIfAny());
(gdb) bt
#0  XLogInsert (rmid=10 '\n', info=0 '\000', rdata=0x7ffc3a2ac3b0) at xlog.c:778
#1  0x00000000004c2bcb in heap_insert (relation=0x7f815d3a9788, tup=0x2ce4f18, cid=1, use_wal=1 '\001', use_fsm=1 '\001', xid=1257)
    at heapam.c:2432
#2  0x00000000006f5f68 in ExecInsert (slot=0x2ce4448, dest=0x2bf16d0, estate=0x2ce36f8, planGen=PLANGEN_PLANNER, isUpdate=0 '\000')
    at execMain.c:3372
#3  0x00000000006f56e7 in ExecutePlan (estate=0x2ce36f8, planstate=0x2ce3dc0, operation=CMD_INSERT, numberTuples=0,
    direction=ForwardScanDirection, dest=0x2bf16d0) at execMain.c:3092
#4  0x00000000006f17d1 in ExecutorRun (queryDesc=0x2bf5b88, direction=ForwardScanDirection, count=0) at execMain.c:912
#5  0x00000000008f0d75 in ProcessQuery (portal=0x2bf2a38, stmt=0x2be2cf0, params=0x0, dest=0x2bf16d0, completionTag=0x7ffc3a2acb00
"")
    at pquery.c:296
#6  0x00000000008f2ba9 in PortalRunMulti (portal=0x2bf2a38, isTopLevel=1 '\001', dest=0x2bf16d0, altdest=0x2bf16d0,
    completionTag=0x7ffc3a2acb00 "") at pquery.c:1467
#7  0x00000000008f20dc in PortalRun (portal=0x2bf2a38, count=9223372036854775807, isTopLevel=1 '\001', dest=0x2bf16d0,
altdest=0x2bf16d0,
    completionTag=0x7ffc3a2acb00 "") at pquery.c:1029
#8  0x00000000008e9729 in exec_mpp_query (query_string=0x2be0f36 "insert into t2 values (10,11);", serializedQuerytree=0x0,
    serializedQuerytreelen=0, serializedPlantree=0x2be0f55 "\205\001", serializedPlantreelen=162, serializedParams=0x0,
    serializedParamslen=0,
    serializedQueryDispatchDesc=0x2be0ff7 "s", serializedQueryDispatchDesclen=72, seqServerHost=0x2be103f "127.0.0.1",
    seqServerPort=17722,
    localSlice=0) at postgres.c:1349
#9  0x00000000008ef6da in PostgresMain (argc=1, argv=0x2be8248, dbname=0x2be81a8 "postgres", username=0x2be8168 "gpadmin") at
postgres.c:5159
#10 0x00000000008822e5 in BackendRun (port=0x2bf78f0) at postmaster.c:6732
#11 0x0000000000881971 in BackendStartup (port=0x2bf78f0) at postmaster.c:6406
#12 0x000000000087a7e1 in ServerLoop () at postmaster.c:2444
#13 0x00000000008790ea in PostmasterMain (argc=12, argv=0x2bbe5c0) at postmaster.c:1528
#14 0x0000000000791ba9 in main (argc=12, argv=0x2bbe5c0) at main.c:206
```

图 5-17　Greenplum 分布式事务执行中 insert 命令在 QE 节点上的函数调用关系

后面一节会介绍 Greenplum 的两阶段提交。两阶段提交是 PostgreSQL 已有的功能，Greenplum 将 PostgreSQL 的单机版两阶段提交改写成了分布式两阶段提交。最后涉及的命令是 commit 命令，该动作的内容太多，所以单独用一节来介绍。

5.5.3　两阶段提交的实现

本节先简单介绍 PostgreSQL 的两阶段提交，再介绍 Greenplum 的两阶段提交。Greenplum 的两阶段提交是对 PostgreSQL 代码的分布式改写。

1. PostgreSQL 的两阶段提交

两阶段提交协议的第一个阶段是预提交阶段，协议规定其执行步骤如下。

（1）对于分布式事务，某个事务所在的数据库管理系统会被选择成协调者。协调者在本地开始一个分布式事务，并且向其他数据库管理系统发送 prepare 消息。发送消息时，会使用专门的事务标识，即 GID（global identity，全局标识），来标识此分布式事务。这样数据库管理系统就可以确定需要同步执行的事务。

（2）其他数据库管理系统接收到 prepare 消息后，会试图开始一个本地事务以完成分布式事务的功能。其自行决定这个事务是提交还是终止，然后把决定信息发送给协调者。

（3）如果数据库决定提交上述的一个本地事务，它就进入"预提交"阶段。在此阶段，如果协调者没有发送终止的消息，它就不能终止这个本地事务。

（4）如果数据库决定终止这个事务，它会向协调者发送取消的信息。然后由协调者进行全局性的取消动作。

在 PostgreSQL 系统中，若用户决定为当前事务做两阶段提交的准备，可以利用 SQL 命令 prepare 在事务中完成。执行该命令时会调用 PrepareTransaction 函数，该函数插入了 StartPrepare 函数和 EndPrepare 函数，前者构建两阶段提交的相关记录的头部信息，后者完成记录数据信息的填充并将信息刷新到磁盘上。

两阶段提交协议的第二个阶段是全局提交阶段，协议规定其执行步骤如下。

（1）如果协调者没有收到提交消息，就默认收到了取消消息。如果其他数据库返回给协调者的消息都是 ready 消息，协调者将提交这个分布式事务，然后把 commit 消息发送给其他数据库。如果协调者收到一条取消消息，则取消这个分布式事务，然后发送消息进行全局性的取消动作。

（2）本地数据库根据协调者的消息，对本地事务进行 commit 或者 abort 操作。在这一阶段，分布式数据库系统将进行事务的实质提交或者退出操作。在 PostgreSQL 系统中，若用户准备提交一个早先为两阶段提交准备好的事务，可以通过输入命令 commit prepared 完成，执行命令时会调用函数 FinishPreparedTransaction，它首先读取磁盘上先前预提交阶段所记录的信息，然后调用 RecordTransactionCommitPrepared 完成事务的最终提交操作。

如果用户决定取消一个先前为两阶段提交准备好的事务，则可以通过命令 rollback prepared 完成。执行该命令时它也会调用 FinishPreparedTransaction 函数，即首先读取磁盘上先前预提交的事务，然后最终完成 rollback。相关的几个重要函数如代码清单 5-14 所示。

代码清单 5-14　PostgreSQL 两阶段提交的相关函数

```
PrepareTransactionBlock
PrepareTransaction
FinishPreparedTransaction
RecordTransactionCommitPrepared
```

2. Greenplum 的两阶段提交

前面介绍了 PostgreSQL 的两阶段提交，提到了好几个重要的函数。再次把非两阶段的函数调用流程展示在这里，如图 5-18 所示。

这里介绍 Greenplum 里面的两阶段提交。Greenplum 在实现两阶段提交的时候，也没有绕开图 5-18 中的几个函数，Greenplum 两阶段提交如图 5-19 所示。

图 5-18　非两阶段的函数调用流程

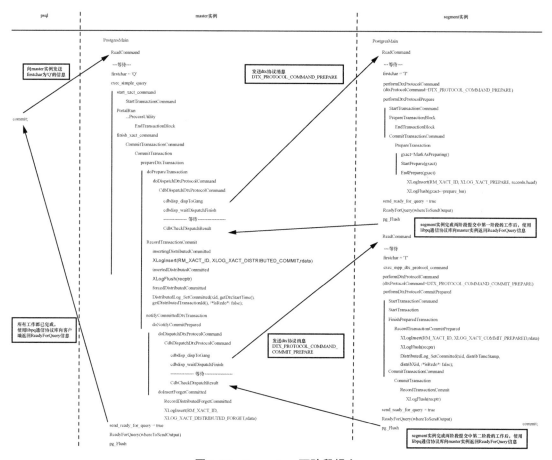

图 5-19　Greenplum 两阶段提交

首先说明，commit 命令的两阶段提交的逻辑里面，没有任何业务相关的 SQL 语句，纯粹只涉及两阶段提交。

（1）第一阶段提交。

客户端发出 commit 命令，QD 收到'Q'信息，在 CommitTransaction 函数里面实现了两阶段提交的相关逻辑。首先，QD 会发送一个 DTX_PROTOCOL_COMMAND_PREPARE 协议给各个 QE，协议的意思是要 QE 进行 prepare 操作。QE 会调用 performDtxProtocolPrepare 函数。在 PrepareTransaction 函数里面会设置状态，然后调用 StartPrepare 和 EndPrepare 两个函数，最后在 EndPrepare 函数里面会调用 XLogInsert 和 XLogFlush 把与 prepare 相关的操作落盘。QE 落盘以后，就开始通过 ReadyForQuery 回复消息，然后 QD 会收到来自各个 QE 的回复，最后进入 QD 第一阶段的尾声。

为什么这里是 QD 第一阶段的尾声？因为 QD 在收到所有 QE 节点的 prepare 成功返回的消息后，自己会修改状态，然后用 XLogInsert 和 XLogFlush 落盘。

图 5-19 里有一个函数 DistributedLog_SetCommitted。特别提出来的原因在于该函数不是每次两阶段提交都会被调用，只有数据操纵语言（data manipulation language，DML）语句才会调用到它，比如数据插入、删除、更新等语句的两阶段提交，在 QD 上才会调用到它。如果只是数据描述语言（data description language，DDL）语句，DistributedLog_SetCommitted 函数在 QD 上面是不会被调用的。按照常规思路也能解释，因为 QD 上只存元数据，所以如果不涉及修改元数据，QD 上面不需要进行业务相关的日志落盘，只需要进行与事务相关的两阶段提交的落盘操作。

接着介绍流程，如代码清单 5-15 所示，QD 已使用 XLogInsert 将一条记录落盘。

代码清单 5-15　XLogInsert 函数

```
XLogInsert (RM_XACT_ID,XLOG_XACT_DISTRIBUTED_COMMIT,rdata)
```

然后，QD 会修改当前分布式事务的状态，"DTX_STATE_PREPARING→DTX_STATE_PREPARED → DTX_STATE_INSERTING_COMMITTED → DTX_STATE_INSERTED_COMMITTED→DTX_STATE_FORCED_COMMITTED"。QD 节点的状态机，在 prepare 消息发送出去到事务日志的插入的整个过程中，会经历这 5 个状态的变化。关于 QD 上面状态的变化，有单独一节的讲解，即 5.4 节"分布式事务状态机"。状态机的变化很微妙而且涉及各种异常情况，比如 QD 上面 5 个状态的变化描述了一个非常平顺的过程，但是在生产环境里面会遇到各种各样的异常情况，不同异常情况下处理分布式事务的分支是不一样的。

（2）错误异常。

在 5.4 节"分布式事务状态机"中已经介绍过 Greenplum 分布式事务状态机，下面以使用调试工具 gdb 模拟一个简单的情况为例,让大家进一步了解状态机。

如代码清单 5-16 所示,从 psql 客户端的报错信息可以看出,在两阶段提交的第一阶段(即 prepare 阶段),某个 segment 实例出了问题。

代码清单 5-16　两阶段提交错误异常

```
postgres=# begin;
BEGIN
postgres=# commit;
ERROR:  The distributed transaction 'Prepare' broadcast failed to one or more segm
ents for gid = 1637270259-0000000010. (cdbtm.c:674)
postgres=#
```

这样的异常在 QD 上面是需要处理的,也就是有具体的状态机逻辑来处理这样的异常。先看抛出异常的代码片段(来自 **doPrepareTransaction** 函数),如代码清单 5-17 所示。

代码清单 5-17　错误异常抛出点 elog 函数调用片段

```
succeeded = doDispatchDtxProtocolCommand(DTX_PROTOCOL_COMMAND_PREPARE,
  0,currentGxact->gid,currentGxact->gxid,
  &currentGxact->badPreparegangs,false,&direct,NULL,0);
/* 分发操作上下文清理结束 */
RESUME_INTERRUPTS();
if (!succeeded)
{
        elog(DTM_DEBUG5,"doPrepareTransaction error finds badprimarygangs = %s",
(currentGxact->badPreparegangs ? "true" : "false"));
        elog(ERROR,"The distributed transaction 'Prepare' broadcast failed to one
or more segments for gid = %s.",currentGxact->gid);
}
elog(DTM_DEBUG5, "The distributed transaction 'Prepare' broadcast succeeded to the
segments for gid = %s.",currentGxact->gid);
```

doPrepareTransaction 函数在向 QE 发送 DTX_PROTOCOL_COMMAND_PREPARE 命令,doDispatchDtxProtocolCommand 函数有一个返回值,如果返回值表示不成功就会开始抛异常,具体报错的函数逻辑是第二个 elog 函数发出去的。下面来看 elog 函数是怎么定义的,如代码清单 5-18 所示。

代码清单 5-18　elog 函数

```
#ifdef HAVE__BUILTIN_CONSTANT_P
#define elog(elevel,...)  \
        do { \
                elog_start(__FILE__,__LINE__,PG_FUNCNAME_MACRO); \
                elog_finish(elevel,__VA_ARGS__); \
                if (__builtin_constant_p(elevel) && (elevel) >= ERROR) \
                        pg_unreachable(); \
```

```
                } while(0)
#else
#define elog(elevel,...)    \
        do { \
                int            elevel_; \
                elog_start(__FILE__, __LINE__, PG_FUNCNAME_MACRO); \
                elevel_ = (elevel); \
                elog_finish(elevel_, __VA_ARGS__); \
                if (elevel_ >= ERROR) \
                        pg_unreachable(); \
        } while(0)
#endif
#else
#define elog  \
        elog_start(__FILE__, __LINE__, PG_FUNCNAME_MACRO),\
        elog_finish
#endif
```

这是一段宏定义代码。elog 的调用最终会调用到 elog_finish，通过图 5-20 所示的函数栈了解到，最终会调用到 longjmp。到这里，异常抛出阶段在用户态的调用就完成了。

```
(gdb) b longjmp
Breakpoint 1 at 0x7f7e73d00230: longjmp. (2 locations)
(gdb) c
Continuing.

Breakpoint 1, longjmp (env=0x7fffb2092e60, val=1) at ../nptl/sysdeps/pthread/pt-longjmp.c:25
25  {
(gdb) bt
#0  longjmp (env=0x7fffb2092e60, val=1) at ../nptl/sysdeps/pthread/pt-longjmp.c:25
#1  0x0000000000a22ab4 in pg_re_throw () at elog.c:1673
#2  0x0000000000a1fdc4 in errfinish (dummy=0) at elog.c:597
#3  0x0000000000a223d3 in elog_finish (elevel=20,
    fmt=0xe27550 "The distributed transaction 'Prepare' broadcast failed to one or more segments for gid = %s.") at elog.c:1482
#4  0x0000000000b93569 in doPrepareTransaction () at cdbtm.c:673
#5  0x0000000000b9467d in prepareDtxTransaction () at cdbtm.c:1150
#6  0x00000000004fea56 in CommitTransaction () at xact.c:2656
#7  0x00000000004ffda9 in CommitTransactionCommand () at xact.c:3619
#8  0x00000000008ecd5c in finish_xact_command () at postgres.c:3228
#9  0x00000000008ea493 in exec_simple_query (query_string=0x28a5968 "commit;", seqServerHost=0x0, seqServerPort=-1)
    at postgres.c:1793
#10 0x00000000008eef4f in PostgresMain (argc=1, argv=0x2808c90, dbname=0x2808ac8 "postgres", username=0x2808a88 "gpadmin")
    at postgres.c:4975
#11 0x00000000008822e5 in BackendRun (port=0x28191f0) at postmaster.c:6732
#12 0x0000000000881971 in BackendStartup (port=0x28191f0) at postmaster.c:6406
#13 0x000000000087a7e1 in ServerLoop () at postmaster.c:2444
#14 0x00000000008790ea in PostmasterMain (argc=15, argv=0x27dfe30) at postmaster.c:1528
#15 0x0000000000791ba9 in main (argc=15, argv=0x27dfe30) at main.c:206
```

图 5-20   Greenplum 两阶段提交异常处理的 elog 函数调用关系

这个抛出的异常通过 longjmp 会被抛到哪里去呢？最后会被抛到 postgres.c 里面的 AbortCurrentTransaction 函数里，该函数就是总体负责接收分布式事务异常的入口函数，如图 5-21 所示。

为什么会调用到 AbortCurrentTransaction 函数？这里先给出答案，代码清单 5-19 中的这段 postgres.c 代码里的逻辑就是在设置 longjmp 后面的出口地点，可以看到 AbortCurrentTransaction 就在里面。

```
(gdb) b rollbackDtxTransaction
Breakpoint 1 at 0xb94688: file cdbtm.c, line 1160.
(gdb) c
Continuing.
[Detaching after fork from child process 14666]

Breakpoint 1, rollbackDtxTransaction () at cdbtm.c:1160
1160            if (DistributedTransactionContext != DTX_CONTEXT_QD_DISTRIBUTED_CAPABLE)
(gdb) bt
#0  rollbackDtxTransaction () at cdbtm.c:1160
#1  0x00000000004ff8d4 in AbortTransaction () at xact.c:3365
#2  0x0000000000500167 in AbortCurrentTransaction () at xact.c:3868
#3  0x00000000008eebb6 in PostgresMain (argc=1, argv=0x2808c90, dbname=0x2808ac8 "postgres", username=0x2808a88 "gpadmin")
    at postgres.c:4774
#4  0x00000000008822e5 in BackendRun (port=0x28191f0) at postmaster.c:6732
#5  0x0000000000881971 in BackendStartup (port=0x28191f0) at postmaster.c:6406
#6  0x000000000087a7e1 in ServerLoop () at postmaster.c:2444
#7  0x00000000008790ea in PostmasterMain (argc=15, argv=0x27dfe30) at postmaster.c:1528
#8  0x0000000000791ba9 in main (argc=15, argv=0x27dfe30) at main.c:206
```

图 5-21　Greenplum 两阶段提交异常处理的 longjmp 出口函数

代码清单 5-19　错误异常捕获的逻辑

```
if (sigsetjmp(local_sigjmp_buf,1) != 0)
{
  ...
  /* 为了恢复异常，终止目前的事务*/
  AbortCurrentTransaction();
  ...
}
```

代码清单 5-19 的代码逻辑隐含了一个 C 语言里面对异常抛出和处理的常规做法，就是代码清单 5-20 中的两个关于错误异常的 Linux 系统调用函数。

代码清单 5-20　错误异常的 Linux 系统调用函数

```
#include <setjmp.h>
void longjmp(jmp_buf env,int val);
int setjmp(jmp_buf env);
```

前面的例子描述了 Greenplum 在处理异常时的基础代码流程。简单总结一下就是用 elog(ERROR,…)这种变参函数抛出异常，然后在 postgres 主逻辑代码的相关模块里面接住异常，主要的逻辑会进入函数 AbortCurrentTransaction。所以分析在异常情况下状态机迁移的逻辑，免不了要对函数 AbortCurrentTransaction 里面的内容进行分析。有了以上的基础，我们就来简单分析一组状态机的片段。

对于图 5-22 所示的状态机片段，需要结合前面的两阶段提交的图 5-19 一起理解。在 doPrepareTransaction 函数里，状态先被设置成了 DTX_STATE_PREPARING。然后在发送 prepare 命令给 QE 之后，状态会被改成 DTX_STATE_PREPARED。结合状态机的变化，如果状态还没进入 DTX_STATE_PREPARING，异常发生，状态会变成 DTX_STATE_ NOTIFYING_ABORT_NO_PREPARED，如代码清单 5-21 所示。如果进入了这个状态，在 rollbackDtxTransaction 函数里面就会把所有现有的 gang 都断开连接并且销毁。然后下次 QD

向 QE 发送信息的时候会重新建立新的 gang。

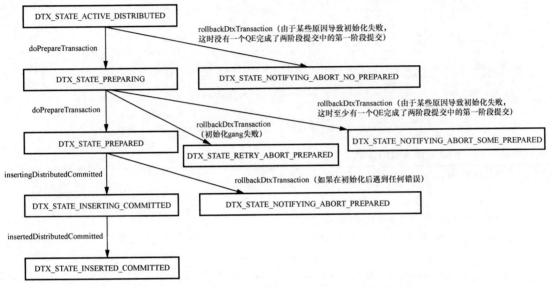

图 5-22 Greenplum 两阶段提交异常处理的状态机示意

代码清单 5-21　DTX_STATE_NOTIFYING_ABORT_NO_PREPARED 分支逻辑

```
#include <setjmp.h>
void longjmp(jmp_buf env,int val);
int setjmp(jmp_buf env);
case DTX_STATE_NOTIFYING_ABORT_NO_PREPARED:
    elog(NOTICE,"Releasing segworker groups to finish aborting the transaction.");
    DisconnectAndDestroyAllgangs(true);
    CheckForResetSession();
    releaseGxact();
    return;
```

另外一个分支，如果状态进入 DTX_STATE_PREPARING 后异常发生，状态变化就要分情况分析。如果是初始化 gang 失败导致的，就会开始做 prepare 重试。参考代码清单 5-22 所示的函数调用，badPreparegangs 会被传递下去，出现异常以后该参数被传回。

代码清单 5-22　badPreparegangs 参数传递（一）

```
succeeded = doDispatchDtxProtocolCommand(DTX_PROTOCOL_COMMAND_PREPARE,
                                         0,
                                         currentGxact->gid,
                                         currentGxact->gxid,
                                         &currentGxact->badPreparegangs,
                                         false,&direct,NULL,0);
```

在 rollbackDtxTransaction 函数的 DTX_STATE_PREPARING 分支里，根据 badPreparegangs 信息，判断是该进入 DTX_STATE_RETRY_ABORT_PREPARED 还是该进入 DTX_STATE_NOTIFYING_ABORT_SOME_PREPARED。如果是进入 DTX_STATE_RETRY_ABORT_PREPARED，逻辑也很清晰，直接调用 retryAbortPrepared。如代码清单 5-23 所示。

代码清单 5-23　badPreparegangs 参数传递（二）

```
case DTX_STATE_PREPARING:
    if (currentGxact->badPreparegangs)
    {
        setCurrentGxactState( DTX_STATE_RETRY_ABORT_PREPARED );
        retryAbortPrepared();
        releaseGxact();
        return;
    }
    setCurrentGxactState( DTX_STATE_NOTIFYING_ABORT_SOME_PREPARED );
    break;
```

QE 收到 DTX_PROTOCOL_COMMAND_RETRY_ABORT_PREPARED 之后，会丢弃当前 prepare 过的事务，如代码清单 5-24 所示。

代码清单 5-24　QE 节点 DTX_PROTOCOL_COMMAND_RETRY_ABORT_PREPARED 分支逻辑

```
case DTX_PROTOCOL_COMMAND_RETRY_ABORT_PREPARED:
    requireDistributedTransactionContext( DTX_CONTEXT_LOCAL_ONLY );
    performDtxProtocolAbortPrepared(gid,false);
    break;
```

如果不是由 badPreparegangs 导致的异常，状态就会变成 DTX_STATE_NOTIFYING_ABORT_SOME_PREPARED，在给 QE 发通知信息的时候就会发送 DTX_PROTOCOL_COMMAND_ABORT_SOME_PREPARED，QE 节点的逻辑如代码清单 5-25 所示。

代码清单 5-25　QE 节点 DTX_PROTOCOL_COMMAND_ABORT_SOME_PREPARED 分支逻辑

```
case DTX_PROTOCOL_COMMAND_ABORT_SOME_PREPARED:
    switch (DistributedTransactionContext)
    {
      case DTX_CONTEXT_LOCAL_ONLY:
            elog(ERROR,"Distributed transaction %s not found", gid);
            break;
      case DTX_CONTEXT_QE_TWO_PHASE_EXPLICIT_WRITER:
      case DTX_CONTEXT_QE_TWO_PHASE_IMPLICIT_WRITER:
            AbortOutOfAnyTransaction();
            break;
      case DTX_CONTEXT_QE_PREPARED:
    setDistributedTransactionContext( DTX_CONTEXT_QE_FINISH_PREPARED );
    performDtxProtocolAbortPrepared(gid,true);
            break;
```

```
                case DTX_CONTEXT_QD_DISTRIBUTED_CAPABLE:
                case DTX_CONTEXT_QD_RETRY_PHASE_2:
                case DTX_CONTEXT_QE_ENTRY_DB_SINGLETON:
                case DTX_CONTEXT_QE_READER:
                        elog(PANIC,"Unexpected segment distribute transaction context: 
'%s'",DtxContextToString(DistributedTransactionContext));
                        break;
                default:
                        elog(PANIC,"Unexpected segment distribute transaction context 
value: %d",(int) DistributedTransactionContext);
                        break;
                }
        break;
```

从代码清单 5-25 所示的分支逻辑能看出，DTX_STATE_NOTIFYING_ABORT_SOME_ PREPARED 状态对应了 QE 节点的各种异常分支。

再看另一个分支 DTX_STATE_NOTIFYING_ABORT_PREPARED，这个状态会发生在 prepare 操作结束以后，QD 进入了 DTX_STATE_PREPARED，但是这时候 QD 上面还没有进行事务日志的插入（否则状态会变成 DTX_STATE_INSERTING_COMMITTED 或者其他状态）。所以，如果在这个过程中出现了异常，就会进入 DTX_STATE_NOTIFYING_ABORT_PREPARED 状态，这个状态的设置如代码清单 5-26 所示。

代码清单 5-26　DTX_STATE_NOTIFYING_ABORT_PREPARED 状态设置

```
        case DTX_STATE_PREPARED:
                setCurrentGxactState( DTX_STATE_NOTIFYING_ABORT_PREPARED );
                break;
```

然后在将中止 prepare 消息通知给 QE 的时候会发送 DTX_PROTOCOL_COMMAND_ ABORT_PREPARED。QE 节点处理的逻辑如代码清单 5-27 所示。

代码清单 5-27　QE 节点 DTX_PROTOCOL_COMMAND_ABORT_PREPARED 分支逻辑

```
        case DTX_PROTOCOL_COMMAND_ABORT_PREPARED:
                requireDistributedTransactionContext( DTX_CONTEXT_QE_PREPARED );
                setDistributedTransactionContext( DTX_CONTEXT_QE_FINISH_PREPARED );
                performDtxProtocolAbortPrepared(gid,true);
                break;
```

前面通过对状态机和异常的一些处理逻辑进行解释，把两阶段提交时 prepare 的基础逻辑粗略地描述了一遍。后面我们接着介绍两阶段提交的正常逻辑。

（3）第二阶段提交。

从函数 notifyCommittedDtxTransaction 开始，进行第二阶段提交。函数调用关系可以参考图 5-19，这次发送的协议叫作 DTX_PROTOCOL_COMMAND_COMMIT_PREPARE，从字面意思就能看出，这是在通知 QE 进行 commit prepare。

QE 收到消息以后会进入 performDtxProtocolCommitPrepared 函数，这次还是用 StartTransactionCommand 和 CommitTransactionCommand 标识内容。中间增加了 FinishPreparedTransaction 函数，它是 PostgreSQL 的原始函数，这里这个函数被 Greenplum 的开发者修改了。函数里不但把相关的 commit prepare 的事务日志落盘了，还对分布式事务日志进行了落盘。QE 做完所有的操作后返回 ReadyForQuery 信息给 QD。QD 收到所有信息后，落盘 XLOG_XACT_DISTRIBUTED_FORGET。QD 最后返回 ReadyForQuery 信息给 psql 客户端。

到了这里，整个两阶段提交就结束了。

当然，在第二阶段的提交过程中仍有可能遇到异常。遇到异常后，QD 会重试 commit prepare，如果重试还是失败的话，QD 只能发出重置消息，把当前的事务都重置掉。

代码清单 5-28 所示的逻辑是直接发出重置消息，这是相当"硬核"的逻辑，Greenplum 的当前所有事务都会被重置。当然，这也是两阶段提交协议本身的问题，目前在架构方面也没有更好的办法。

代码清单 5-28　重置异常抛出点

```
static void doNotifyingCommitPrepared(void)
{
      ...
      while (!succeeded && dtx_phase2_retry_count > retry++)
      {
        ...
      }
      if (!succeeded)
            elog(PANIC,"unable to complete 'Commit Prepared' broadcast for gid = %s",currentGxact->gid);
            elog(DTM_DEBUG5,"the distributed transaction 'Commit Prepared' broadcast succeeded to all the segments for gid = %s.",currentGxact->gid);
            doInsertForgetCommitted();
}
```

前面提到了用 longjmp 和 setjmp 进行回滚的机制，这是 PostgreSQL 常用的机制。后续介绍从重置开始的异常处理流程，从代码清单 5-29 所示的流程开始。

代码清单 5-29　elog 函数和 PANIC 异常

```
    elog(PANIC,"unable to complete 'Commit Prepared' broadcast for gid = %s",currentGxact
->gid);
```

通过宏定义转换，最后会调用到一个变参函数 errfinish，如代码清单 5-30 所示。

代码清单 5-30　errfinish 函数

```
void errfinish(int dummy,...)
```

不同的错误层级（比如 PANIC、FATAL、ERROR）处理方式是不同的。ERROR 分支里面就会有 PG_RE_THROW，最后会进入事务的回滚流程。FATAL 分支里面有 proc_exit，实现了如线程资源回收、Interconnect 资源回收等动作。而 PANIC 就比较"粗暴"，直接退出进程，如代码清单 5-31 所示。

代码清单 5-31　PANIC 异常的处理片段

```
if (elevel >= PANIC)
{
    fflush(stdout);
    fflush(stderr);
    abort();
}
```

如果 QD 进程异常退出，它连接的所有 QE 都会退出，可以从代码清单 5-32 中看出原因。

代码清单 5-32　SocketBackend 函数处理异常片段

```
static int SocketBackend(StringInfo inBuf)
{
    int     qtype;
    /* 获取消息类型 */
    qtype = pq_getbyte();
    if (!disable_sig_alarm(false))
            elog(FATAL,"could not disable timer for client wait timeout");
    if (qtype == EOF)
    {
            ereport(COMMERROR,(errcode(ERRCODE_PROTOCOL_VIOLATION),
                            errmsg("unexpected EOF on client connection"))));
            return qtype;
    }
```

SocketBackend 是 QE 作为服务端监听 QD 节点的信息的函数。如果有 EOF 信息发出来，就表示 QD 进程异常退出了，QE 就会输出日志"unexpected EOF on client connection"，然后退出。这时候在 QE 日志里就会出现类似代码清单 5-33 这样的输出信息。

代码清单 5-33　异常出现以后的日志输出

```
    2021-11-23 18:12:40.758358 CST,"gpadmin","postgres",p7026,th-417396672,"127.0.0.1",
"26236",2021-11-23 18:12:25 CST,0,con43,,seg0,,dx3,,sx1,"LOG","08P01","unexpected EOF
on client connection",,,,,,,0,,"postgres.c",451,
```

5.6　分布式事务如何容错

本章前面大部分内容都在讲正常的分布式事务在各个阶段是如何进行的。正常分布式事务的运行是一个平滑的过程，没有任何异常发生，但是在真实的生产环境里会出现各种异常，比如进程崩溃、网络拥堵、磁盘或者文件系统崩溃、内存错误等。在这些异常情况发生的时候，数据库作为核心系统，应该能保持自己的一致性，并在异常发生以后能够恢复。

比如在分布式事务进行的过程中，Greenplum 出现异常崩溃（如 QD 或者 QE 进程崩溃）。恢复以后，Greenplum 应该有恰当的容错能力，能够将分布式事务恢复或者回滚，以保证事务的一致性。这样的情景有很多，这里只集中分析两个典型的情景。

（1）情景 1，QD 在 prepare 操作的事务日志落盘之前崩溃。

在情景 1 里面，会先分析一个看起来理想的设计，通过后续的调试和验证，发现另外的情况。

QD 已经给 QE 发出了 prepare 操作指令，QE 收到后进行了 prepare 操作的事务日志落盘，然后回复 QD 操作成功。QD 收到信息后准备进行 prepare 操作的落盘工作，但是在这个操作完成之前，QD 进程崩溃了。

按照 Greenplum 的设计，这时候 QD 进程的父进程如代码清单 5-34 所示，也就是 master 实例上面的 postgres 进程会收到子进程崩溃的信号 SIGCHLD。收到信号以后，父进程的信号处理函数会设置一个标志位 need_call_reaper，然后在 postgres 进程的主循环里会检测到这个标志位被设置为 true，接着进入 do_reaper 函数，如代码清单 5-35 所示。

代码清单 5-34　QD 进程的父进程

```
/home/gpadmin/gpdb.master.5/bin/postgres -D /home/gpadmin/gpdb-5X_STABLE/gpAux/gpdemo/datadirs/qddir/demoDataDir-1 -p 15432 --gp_dbid=1 --gp_num_contents_in_cluster=3 --silent-mode=true -i -M master --gp_contentid=-1 -x 0 -E
```

代码清单 5-35　do_reaper 函数调用片段

```
/* 在 Greenplum 里，reaper 只是写标志位，真正的逻辑在这里*/
if (need_call_reaper)
{
  do_reaper();
}
```

reaper 是"收割者"的意思，表示在子进程崩溃后，父进程要为子进程处理残余的东西。do_reaper 函数会调用到代码清单 5-36 所示的函数。

代码清单 5-36　HandleChildCrash 函数

```
static void
HandleChildCrash(int pid,int exitstatus,const char *procname)
```

该函数把好几个与 postgres 相关的进程终止，比如 sweeper、seqserver、ftsprobe 等。在清理完相关的活跃进程以后，会进入初始化的阶段，把相关的进程再次初始化，等待 psql 客户端的接入。

QD 日志输出如代码清单 5-37 所示。

代码清单 5-37　QD 日志输出

```
2021-11-26 19:50:26.273095 CST,,,p31343,th-710268864,,,,0,,,seg-1,,,,,"LOG","00000",
"BeginResetOfPostmasterAfterChildrenAreShutDown: counter 2",,,,,,,,0,,"postmaster.c",2162,
```

代码清单 5-38 所示的函数是在 do_reaper 函数里面被调用的。

代码清单 5-38　do_reaper 函数片段（一）

```
            if ( pmState != PM_POSTMASTER_RESET_FILEREP_PEER )
            {
                BeginResetOfPostmasterAfterChildrenAreShutDown();
            }
    }
    PostmasterStateMachine();
reaper_done:
    if (Debug_print_server_processes && didServiceProcessWork)
            elog(LOG,"returning from reaper");
    errno = save_errno;
}
```

逻辑到了 do_reaper 函数的最后阶段。函数 BeginResetOfPostmasterAfterChildrenAreShutDown 会调用 reset_shared 函数，如代码清单 5-39 所示，然后调用 CreateSharedMemoryAndSemaphores 函数，接着是 tmShmemInit 函数。

代码清单 5-39　do_reaper 函数片段（二）

```
shmem_exit(0 /*code*/);
reset_shared(PostPortNumber,true /*isReset*/);
RemovePgTempFiles();
```

简要地总结一下现在的函数调用栈，如代码清单 5-40 所示。

代码清单 5-40　事务容错函数调用关系总结

```
ServerLoop → do_reaper → BeginResetOfPostmasterAfterChildrenAreShutDown →
reset_shared → CreateSharedMemoryAndSemaphores → tmShmemInit
```

tmShmemInit 函数内容不太长，通过分析该函数，可以了解出现某些常规异常的时候 Greenplum 的处理过程。关于共享内存的基础知识，大家可以参考本书的 6.5 节 "共享内存"。该函数在 PostgreSQL 里面是没有的，Greenplum 使用这个函数来做 QD 内分布式事务共享内存的初始化工作。

如代码清单 5-41 所示，这段代码的主要工作是在共享内存里面寻找或者创建（如果找不到）一块共享内存区域，这块区域叫作 "Transaction manager"，用于在内存里面存储和分布式事务相关的数据结构。

代码清单 5-41　共享内存初始化

```
void
tmShmemInit(void)
{
        bool             found;
        TmControlBlock *shared;
        max_tm_gxacts = max_prepared_xacts;
        if ((Gp_role != GP_ROLE_DISPATCH) && (Gp_role != GP_ROLE_UTILITY))
                return;
        shared = (TmControlBlock *) ShmemInitStruct("Transaction manager",tmShmemSize(),
&found);
        if (!shared)
                elog(FATAL,"could not initialize transaction manager share memory");
        shmControlLock = shared->ControlLock;
        shmTmRecoverred = &shared->recoverred;
        shmDistribTimeStamp = &shared->distribTimeStamp;
        shmGIDSeq = &shared->seqno;
```

注意观察变量类型 TmControlBlock，TMGXACT 是一个存储分布式事务的数组，如代码清单 5-42 所示。

代码清单 5-42　TmControlBlock 数据结构

```
typedef struct TmControlBlock
{
    LWLockId                    ControlLock;
    bool                        recoverred;
    DistributedTransactionTimeStamp distribTimeStamp;
    DistributedTransactionId    seqno;
    bool                        DtmStarted;
    uint32                      NextSnapshotId;
    int                         num_active_xacts;
    TMGXACT                     *gxact_array[1];
} TmControlBlock;
```

回到之前的函数 tmShmemInit，这个函数调用了 ShmemInitStruct，参数里面给了一个键 "Transaction manager" 和一个 found 标志位，如代码清单 5-43 所示。

代码清单 5-43　tmShmemInit 函数调用片段

```
    shared = (TmControlBlock *) ShmemInitStruct("Transaction manager", tmShmemSize(),
&found);
```

这个函数会尝试从已有的共享内存里面找到键为"Transaction manager"的内存块，如果找到了就设置 found 标志位，这表示分布式事务还存在没有完成的。比如，还存在没有发送 prepare 信号的分布式事务。数据结构 TmControlBlock 所对应的数据是全局的数据，也就是说只要 postmaster 父进程一直存在，共享内存就不会消失，对应的键为"Transaction manager"的内存块就一直存在。这是一个理想的情况，早期的 Greenplum 的设计就是这样的。

但是通过对 5.x 版本的 Greenplum 做调试后发现，如果 QD 进程崩溃或者被"杀"掉，作为父进程的 postmaster 会将所有现存的活跃事务全部重置。当然，在重置之前会做一次检查，将当前的分布式事务的状态落盘，然后重置，最后重新初始化，等待 psql 接入的消息进入。psql 接入的消息进入以后，再从 xlog 里面读取事务信息，然后进行之前的分布式事务的恢复或者终止操作。

所以在情景 1 的情况下，系统恢复时并不是从共享内存里面获取已经存在的分布式事务信息，而是通过事务日志落盘来记录信息，然后启动的时候通过读事务日志来获取之前的分布式事务信息。

在事务日志里面获取了分布式事务信息后，会调用代码清单 5-44 所示的函数进行共享内存里面的分布式事务的恢复，以及相关状态的恢复工作。

代码清单 5-44　事务恢复函数逻辑（一）

```
void redoDistributedCommitRecord(TMGXACT_LOG * gxact_log)
```

注意，这时候共享内存里面的分布式事务已经恢复完毕，数据库也恢复完毕，等待新的 psql 接入。一旦有新的 psql 接入，后续会对当前共享内存里面的分布式事务尝试做 commit prepare，使分布式事务完成。

代码清单 5-45 所示的函数就是恢复阶段的关键函数。函数里会对没有被执行的分布式事务进行处理，包括有多种来源的分布式事务。

代码清单 5-45　事务恢复函数逻辑（二）

```
static bool recoverInDoubtTransactions(void)
```

通过统计了解到，第一种为 postmaster 在 QD 崩溃以后写入事务日志的分布式事务。如代码清单 5-46 所示，这类事务在恢复时，按照前面的解释，已经写入共享内存，所以在函数里就直接进入了 for 循环，循环内的分布式事务会被重新发送，然后完成提交。

代码清单 5-46　事务恢复函数逻辑（三）

```
dumpAllDtx();
saved_currentGxact = currentGxact;
for (i = 0; i < *shmNumGxacts; )
{
   TMGXACT *gxact = shmGxactArray[i];
   ...
   doNotifyCommittedInDoubt(gxact->gid);
   if (debug_persistent_ptcat_verification)
         Persistent_Set_PostDTMRecv_PTCatVerificationNeeded();

   currentGxact = gxact;
   doInsertForgetCommitted();
}
currentGxact = saved_currentGxact;
dumpAllDtx();
```

第二种来自代码清单 5-47 所示的函数，这个函数会向 QE 查询没有完成的分布式事务，QD 收集到事务信息以后，发送终止信息给各个 QE，把 QE 上 prepare 过的事务终止掉。

代码清单 5-47　gatherRMInDoubtTransactions 函数片段

```
static HTAB * gatherRMInDoubtTransactions(void)
{
        CdbPgResults cdb_pgresults = {NULL,0};
        const char *cmdbuf = "select gid from pg_prepared_xacts";
        PGresult   *rs;
        InDoubtDtx *lastDtx = NULL;
        HASHCTL    hctl;
        HTAB       *htab = NULL;
        int        i;
        int        j,rows;
        bool       found;
        /* 从所有的 segment 实例上获取 in-doubt 事务的信息*/
        CdbDispatchCommand(cmdbuf,DF_NONE,&cdb_pgresults);
```

图 5-23 用流程图的方式展示情景 1 的函数调用过程。

本次分析没有一开始就详细解释，而是做了一些分析和猜想，最后根据调试结果验证、分析猜想是否正确。情景分析是一种理解项目的方法，读者在具备了一些专业知识以后可以更加深入地了解分布式事务容错的原理。

下面具体解释图 5-23 所示的流程。图里没有关于 psql 客户端和 QE 节点的函数流程，读者可以根据 QD 的流程尝试分析一下，难度不大。在调用 cdb_setup 函数前，用了流程图的方式来展示过程。因为这个过程涉及 QD 进程崩溃后的很多动作，不是用简单的函数说明就能够表达清楚的，所以目前用流程图和概述的形式来说明。其中有一点需要特别注意，就是函数 redoDistributedCommitRecord 会被调用，而且在这之前，postmaster 进程从事务日志里面读出之前的信息，用于更新共享内存。

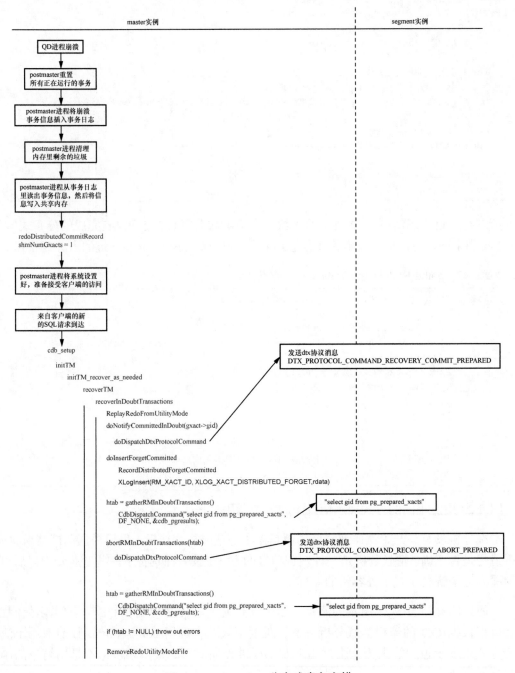

图 5-23　Greenplum 分布式事务容错

准备工作做好之后，数据库系统就等待新的 psql 请求进来。因为 QD 崩溃会重置所有正在进行的分布式事务，所以现在的状态是没有任何 QE 节点的进程存在。也就是说没有 gang 存在，所以只要有 psql 请求进来就会产生 gang，这也为恢复之前被重置的分布式事务打好了基础。

psql 请求进来以后，通过层层调用，到达前面提到过的函数 recoverInDoubtTransactions。如果 shmNumGxacts 指针指向的共享内存里面的值不为 0，就会调用 doNotifyCommittedInDoubt，向 QE 发送 DTX_PROTOCOL_COMMAND_RECOVERY_COMMIT_PREPARED，把没完成的分布式事务都提交。前面也介绍过，shmNumGxacts 指向的内容在数据库的恢复阶段已经从事务日志里面读出来了，也赋了值。如果 shmNumGxacts 指针指向的共享内存里的值为 0，就直接跳过 for 循环，开始做收集和终止 in-doubt 事务的操作。

QD 会先用 gatherRMInDoubtTransactions 从 QE 那里收集已经做过 prepare 操作，但是还没做 commit prepare 操作的事务，用的是一条简单的 SQL 语句"select gid from pg_prepared_xacts"。收集完以后用 abortRMInDoubtTransactions 发送 DTX_PROTOCOL_COMMAND_RECOVERY_ABORT_PREPARED 给 QE，把已经 prepare 过的事务终止掉。然后调用 gatherRMInDoubtTransactions 再收集一次，这次收集回来的内容应该是空的，因为事务都被终止了，如果不是空的就代表之前的某次终止操作失败了。对此 Greenplum 现在也没有很好的处理办法，只能抛出错误异常和异常说明，然后把后续的工作留给数据库管理员去处理。

这就是情景 1 的整个过程。简单地总结一下，如果有从事务日志里面读取出来的事务，代表已经 commit prepare 过了，就发送 commit prepare 去提交；如果有从 QE 节点收集到的做过 prepare 操作，但是没有做过 commit prepare 操作的事务，就发送终止信息，将其终止。

（2）情景 2，QD 在 prepare 操作的事务日志落盘之后崩溃。

情景 2 的过程和情景 1 的息息相关。在情景 1 里面，给崩溃的 QD 用 do_reaper 函数做处理时，进行尚未完成事务的事务日志的落盘操作，这个落盘操作其实就是指在 QD 上给 prepare 操作落盘。如果 QD 崩溃的时间点是在 prepare 操作落盘以后，do_reaper 函数就不用给它落盘了。相应地，数据库恢复的时候直接发送 DTX_PROTOCOL_COMMAND_RECOVERY_COMMIT_PREPARED 给 QE，将未完成的事务完成。完成以后还要做检测，过程和情景 1 的类似，都在 recoverInDoubtTransactions 函数里面，如果检测到还有 in-doubt 事务，就抛出错误异常和异常说明，把后续的工作留给数据库管理员去处理。

因为情景 2 的过程与情景 1 的很类似，只是分支逻辑不同，所以对情景 2 只做了简单的描述。

第 6 章

分布式计算的实现

6.1 Greenplum 的执行计划

在开始具体介绍分布式计算之前,先介绍 Greenplum 的执行计划。数据库是非常复杂的系统,数据的存储方式、SQL 语句的计算方式,以及节点上面的负载情况都是变化的。如何让一条 SQL 语句能够高性能、低消耗地执行完成,就是执行计划所要解决的问题。通俗地说,数据库会准备很多套执行方案,最后选择消耗最少的那套方案,就是最终的执行计划。

Greenplum 是从 PostgreSQL 修改得到的分布式数据库,最开始给 PostgreSQL 的 Legacy 优化器加上了分布式的逻辑,后来又开发了自己的优化器——Orca。

如图 6-1 所示,一个执行计划里面有方方面面的信息,这些信息在 QD 节点生成以后被发送到每个 QE 上。通过 QE 之间、QE 和 QD 之间的相互协调,最后实现整个过程。

```
postgres=# explain analyze insert into t6 values (generate_series(1,100));
                                    QUERY PLAN
-------------------------------------------------------------------------------------------
 Insert (slice0; segments: 3)  (rows=1 width=0)
   ->  Redistribute Motion 1:3  (slice1; segments: 1)  (cost=0.00..0.01 rows=1 width=0)
         Rows out:  Avg 33.3 rows x 3 workers at destination.  Max 37 rows (seg0) with 0.428 ms to first row, 0.438 ms to end.
         ->  Result  (cost=0.00..0.01 rows=1 width=0)
               Rows out:  100 rows with 0.021 ms to first row, 0.048 ms to end.
 Slice statistics:
   (slice0)    Executor memory: 145K bytes avg x 3 workers, 156K bytes max (seg1).
   (slice1)    Executor memory: 165K bytes (seg1).
 Statement statistics:
   Memory used: 128000K bytes
 Optimizer status: legacy query optimizer
 Total runtime: 5.815 ms
(12 rows)

postgres=#
```

图 6-1 Greenplum 执行计划举例

优化器是数据库的"大脑",是一个数据库里面最复杂的部分。本节会介绍优化器的原理,然后简单介绍 Legacy 和 Orca 两种优化器。

6.1.1 查询优化器

如图 6-2 所示,先介绍优化器处于数据库的什么位置、有什么作用和相关概念。

6.1 Greenplum 的执行计划

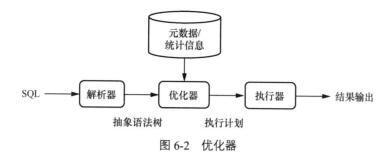

图 6-2 优化器

图 6-2 的左边是语法分析模块，SQL 通过词法分析、语法分析和语义分析生成一个查询树（也叫作抽象语法树）。查询树是优化器的输入，然后优化器输出执行计划。

抽象语法树的内容是纯语法结构的，和数据库本身关系不紧密。当然，SQL 掌握得好的管理员，可以有针对性地写出很好的 SQL 语句，输出的执行计划也非常高效，即便如此，数据库优化器仍有不可替代的作用。

首先，优化器掌握了数据库的统计信息。统计信息对数据库来说很重要，如数据分布、表结构、机器的负载、集群的规模等，这些信息对于生成优秀的执行计划至关重要。Greenplum 是分布式数据库，统计信息的获取也是分布式的。统计信息的生成和汇总是一项非常繁重的工作，时时刻刻都把统计信息更新到最新是不现实的。Greenplum 的官方文档时常建议，对数据变化频繁的表，每天做一次相关的统计信息更新工作。这个操作在数据库里面对应的语句叫作 "analyze"。analyze 这个动作的主要功能是收集数据库的统计信息，analyze 命令会被 QD 发送到 QE 上面，以做数据采样，然后分析，汇总回 QD 的元数据/统计信息表里面，供优化器产生执行计划时使用。

建议认为 SQL 语句执行非常缓慢，或者内存不够等导致执行失败的 Greenplum 使用者先 analyze 相关的表和库，让所有的统计信息都更新到最新，然后运行 SQL 语句。这时候的优化器就能够用最新的统计信息来生成执行计划，大多数问题都能被解决。

然后，优化器的计算能力也是不一样的。优化器会使用高级的算法，对成百上千种执行计划进行比较，得到最优的计划。

上面两点是优化器非常重要的优势。而且，随着优化器越来越先进，很多性能不好的 SQL 语句也都能很好地在数据库里面被执行。换句话说，优化器能更好地理解 SQL 语句的意图了。

总的来说，数据库优化器可以分成两个级别：基于规则的优化和基于代价的优化。基于规则的优化（rule-based optimization，RBO）也即"基于规则的优化器"。该优化器按照硬编码在数据库中的一系列规则来决定 SQL 的执行计划。比如在规则中，索引的优先级大于全表扫描。在 RBO 中，有一套严格的使用规则，只要按照规则去写 SQL 语句，数据表中的内容就不会影响"执行计划",也就是说 RBO 对数据不"敏感"。这就要求开发人员非常了解 RBO 的各项细则,不熟悉规则的开发人员写出来的 SQL 语句的性能可能非常差。

在实际的执行过程中,数据的量级会严重影响 SQL 语句的性能,这也是 RBO 的缺陷所在。因为规则是不变的,数据是变化的,所以 RBO 生成的执行计划往往是不可靠的,不是最优的。

基于代价的优化(cost-based optimization,CBO)也即"基于代价的优化器"。该优化器根据优化规则对关系表达式进行转换,生成多种执行计划,然后 CBO 会根据统计信息和代价模型计算各种可能的"执行计划"的代价,从中选择代价最小的执行计划,作为实际运行方案。CBO 依赖数据库对象的统计信息,统计信息的准确与否会影响 CBO 能否做出最优的选择。

6.1.2 Greenplum 的统计信息

Greenplum 的统计信息和 analyze 这个动作关系紧密。统计信息会保存到系统表 pg_class 和 pg_statistic 里,还有一个视图叫作 pg_stats,它是由 pg_statistic 系统表扩展而来的系统视图,记录每个表、每个字段的统计信息。优化器会查询 pg_statistic 和 pg_class 里面的信息来生成执行计划。Greenplum 官方文档里有关于统计信息表各个字段的详细解释。

除了 analyze 命令,Greenplum 中还有 analyzedb 命令,它可以并发地对表的统计信息进行收集。analyze 会对每个表里面的数据采样,采样后的数据被排序,然后计算各种参数,包括高频值(most common value,MCV)、直方图(histogram)、记录的频率、记录的平均宽度等。每个参数都有自己对应的计算方法。

总体来说,analyze 操作是很消耗资源的,但是及时更新统计信息也很重要。Greenplum 官方文档建议用户对每天有大量数据插入的表进行手动 analyze 操作。而且 Greenplum 也配置了一系列的自动 analyze 的参数。代码清单 6-1 中的几个 GUC 都是用来配置自动 analyze 的触发时机的。

代码清单 6-1 Greenplum 统计信息的相关参数

```
gp_autostats_mode
gp_autostats_mode_in_functions
gp_autostats_on_change_threshold
log_autostats
```

6.1.3 Legacy 优化器概述

Legacy 优化器是基于 PostgreSQL 优化器改写的,很大程度上复用了 PostgreSQL 优化器的代码。这里重点介绍 Legacy 优化器为 Greenplum 新增的功能和代码调用流程。因为本书的篇幅有限,而且优化器本身非常复杂,工业可用的优化器的细节就更多了,所以只是对优化器的内容做简要的介绍。

PostgreSQL 的节点（node）、路径（path）和计划（plan）都是经典的概念。如图 6-3 所示,一个节点多指一个运算操作,比如扫描、关联等;一个路径指一个计算路径;一个计划会从很多个路径里面挑选出代价最小的路径,生成最终的执行计划,发送到各个 QE。这里举一个简单的例子帮大家理解过程。

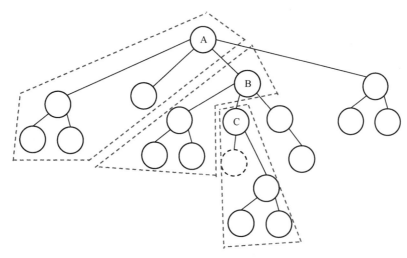

图 6-3　PostgreSQL 的节点、路径和计划

假设从解析器生成的抽象语法树的节点与最后的执行计划里的操作树的节点是一一对应的（这是理想情况,实际的优化器是有很多操作步骤的,而且抽象语法树和执行计划的操作树不是一一对应的）。这种节点的对应把逻辑操作符对应成物理操作符。比如,一个 TableScan 是一个逻辑操作符,表示要读取某个表的数据,而物理操作符就可以选择用 SequentialTableScan 做全表扫描,或用 BtreeIndexScan 做 B 树索引,SequentialTableScan 和 BtreeIndexScan 就是两种不同的物理操作符。如果 SQL 语句里面有 Group By 的关键字,可以用哈希的方式做哈希分组;也可以用排序加聚合的方式做排序分组,这就又有两种实现分组的方法。把上面两种情况整合起来,就有 2×2 共 4 种方法（SequentialTableScan+哈希分组、SequentialTableScan+排序分组、BtreeIndexScan+哈希分组、BtreeIndexScan+排序分组）,这样的 4 种方法就是 4 个路径。最终会选用哪个路径生成执行计划呢？这就需要通过统计信息计算出结果。优化器通过各种计算,得出最优的路径,生成执行计划。

如果只有上面的几种情况,其实计算过程并不复杂。如果遇到了关联,计算就会变得非常复杂。比如有 4 张表,即 A、B、C、D,按照什么样的顺序来关联这 4 张表代价最小？

熟悉算法的读者可能会想到用动态规划、遗传算法等。所以 SQL 变复杂以后或者涉及的表的数量变多以后，路径数量也会呈指数级别的增加，选出一个最优计划的计算会变得非常复杂。

除了节点、路经和计划，Greenplum 还引入了一个新的概念——locus。locus 在抽象概念上可以看成路径在分布式情况下的一种类型。Legacy 优化器对不同数据结构里面的 locus 进行推理，就能生成对应的分布式执行计划。

locus 的类型如代码清单 6-2 所示。优化器根据不同的 locus 类型，决定在执行计划里使用不同的数据流向，进而确定 Motion 的类型。

代码清单 6-2　locus 的类型

```
typedef enum CdbLocusType
{
    CdbLocusType_Null,
    CdbLocusType_Entry,
    CdbLocusType_SingleQE,
    CdbLocusType_General,
    CdbLocusType_Replicated,
    CdbLocusType_Hashed,
    CdbLocusType_HashedOJ,
    CdbLocusType_Strewn,
    CdbLocusType_End
} CdbLocusType;
```

如代码清单 6-3 所示，在执行计划数据结构里包含了 Flow 信息。Flow 数据结构里有 3 个重要的类型，如代码清单 6-4 所示。

代码清单 6-3　Flow 数据结构（一）

```
typedef struct Flow
{
    NodeTag         type;
    FlowType        flotype;        /* 执行计划产生的 Flow 类型 */
    Movement        req_move;
    /* locus 的类型 */
    CdbLocusType    locustype;
    int             segindex;
    /* 排序相关的参数 */
    int             numSortCols;
    AttrNumber      *sortColIdx;
    Oid             *sortOperators;
    bool            *nullsFirst;
    int             numOrderbyCols;
    List            *hashExpr;
    AttrNumber      segidColIdx;
    struct Flow     *flow_before_req_move;
```

```
} Flow;
```

代码清单 6-4　Flow 数据结构（二）

```
FlowType          flotype;
Movement          req_move;
CdbLocusType      locustype;
```

Greenplum 的 Legacy 优化器经过对 locus 的推理，产生包含 CdbMotionPath 的路径，如代码清单 6-5 所示，这样的路径是 Greenplum 特有的路径，用于表示数据的发送和接收进程。

代码清单 6-5　CdbMotionPath 数据结构

```
typedef struct CdbMotionPath
{
    Path            path;
    Path            *subpath;
} CdbMotionPath;
```

生成最终执行计划的时候，Greenplum 还引入了新的算子 Motion，如代码清单 6-6 所示。

代码清单 6-6　Motion 数据结构

```
/* Motion 节点 */
typedef struct Motion
{
    Plan            plan;
    MotionType      MotionType;
    bool            sendSorted;
    int             MotionID;
     /* 哈希参数 */
    List            *hashExpr;
    List            *hashDataTypes;
     /* 输出类 segment 实例 */
    int             numOutputSegs;
    int             *outputSegIdx;
    AttrNumber      segidColIdx;
    int             numSortCols;
    AttrNumber      *sortColIdx;
    Oid             *sortOperators;
    bool            *nullsFirst;
} Motion;
```

关于 Motion 的细节，读者可以参考后面相关的章节（6.2.3 节"Motion 算子"）。

Legacy 优化器的函数调用过程如代码清单 6-7 所示，入口函数是 exec_simple_query。

代码清单 6-7　Legacy 优化器逻辑（一）

```
src/backend/tcop/postgres.c
|--exec_simple_query()
 {
   start_xact_command();
   parsetree_list = pg_parse_query(query_string);
   querytree_list = pg_analyze_and_rewrite(parsetree,query_string,NULL,0);
   plantree_list = pg_plan_queries(querytree_list,NULL,false);
   portal = CreatePortal("",true,true);
   PortalStart();
   receiver = CreateDestReceiver(dest,portal);
   (void) PortalRun();
   (*receiver->rDestroy) (receiver);
   PortalDrop(portal, false);
   finish_xact_command();
 }
```

首先进行语法解析器相关的调用。如代码清单 6-8 所示，输入是一个字符串类型的查询语句，进行词法和语法分析，产生一个抽象语法树。这里面会调用 Flex 和 Bison 的库函数。

代码清单 6-8　Legacy 优化器逻辑（二）

```
pg_parse_query(const char *query_string)
 {
   raw_parsetree_list = raw_parser(query_string);
   return raw_parsetree_list;
 }
```

代码清单 6-9 所示的函数调用把抽象语法树里面的字符串改写成对象标识，然后会做一些基于规则的重写操作。

代码清单 6-9　Legacy 优化器逻辑（三）

```
|--pg_analyze_and_rewrite()
  {
    |--querytree_list = parse_analyze(parsetree,query_string,paramTypes,numParams);
    |--|--do_parse_analyze(parseTree,pstate);
    |--|--|--query = transformStmt(pstate,parseTree,&extras_before,&extras_after);
    |--|--|--|--result = transformSelectStmt(pstate,n);
    |--querytree_list = pg_rewrite_queries(querytree_list);
    |--|--QueryRewrite()
    |--|--|--querylist = RewriteQuery(parsetree,NIL);
    |--|--|--|-- fireRules(parsetree,)
    |--|--|--|-- query = fireRIRrules(query,NIL);
  }
```

PostgreSQL 的标准查询优化器入口函数 standard_planner 有 3 个主要调用——subquery_planner、set_plan_references、cdbparallelize，其中 subquery_planner 比较重要。

如代码清单 6-10 和代码清单 6-11 所示，subquery_planner 调用 set_base_rel_pathlist 来进行相关路径的优化，后者会对顺序扫描、索引扫描、位图索引扫描、事务标识扫描等几种扫描方式进行评估和比较，以得出最优的扫描方式。

代码清单 6-10　Legacy 优化器逻辑（四）

```
subquery_planner
|--grouping_planner()
 {
    |--query_planner()    //基本操作 SPJ（select,查询;project,投影;join,关联）的优化
    |--|--make_one_rel
         {
             set_base_rel_pathlist()
             make_rel_from_joinlist()
         }
    result_plan = create_plan(root,best_path);
    make_agg()
    make_unique()
    make_limit()
 }
```

代码清单 6-11　set_base_rel_pathlist 函数逻辑

```
|--set_base_rel_pathlist()
  {
    for (rti = 1; rti < root->simple_rel_array_size; rti++)
    {
       |--set_rel_pathlist(root,rel,rti);
       |--|--set_plain_rel_pathlist(root,rel,rte);
            {
                /* 顺序扫描 */
                seqpath = create_seqscan_path(root,rel);
                /* 索引扫描和位图索引扫描 */
                create_index_paths(root,rel,);
                /* 事务标识扫描 */
                create_tidscan_paths(root,rel,&tidpathlist);
                /* 找出代价最小的扫描方式 */
                set_cheapest(root,rel);
            }
       }
  }
```

其中顺序扫描会创建一个 T_SeqScan 类型的节点，然后用 cost_seqscan 计算代价，如代码清单 6-12 所示。

代码清单 6-12　create_seqscan_path 函数逻辑

```
|--create_seqscan_path(PlannerInfo *root,RelOptInfo *rel)
    {
        Path    *pathnode = makeNode(Path);
        pathnode->pathtype = T_SeqScan;
        pathnode->locus = cdbpathlocus_from_baserel(root,rel);
        cost_seqscan(pathnode,root,rel);
        return pathnode;
    }
```

回到 subquery_planner 函数，make_rel_from_joinlist 函数用来寻找一个最优的关联路径，如代码清单 6-13 所示。

代码清单 6-13　make_rel_from_joinlist 函数逻辑

```
|--make_rel_from_joinlist()
    /*为整个连接操作树生成执行路径*/
    |--|--make_rel_from_joinlist
    |--|--|--make_one_rel_by_joins
            /* 使用动态规划来解决问题 */
            for (lev = 2; lev <= levels_needed; lev++)
            {   |--make_rels_by_joins
                {   /* 分别计算左右子树的计划 */
                    |--make_join_rel
                    |--|--add_paths_to_joinrel
                        {  /* 归并连接相关分析 */
                            |--sort_inner_and_outer();
                            |--|--create_mergejoin_path()
                            match_unsorted_outer();
                            match_unsorted_inner();
                            hash_inner_and_outer();
                        }
                }
            }
```

关联路径会一层层地计算，每层把左子树和右子树拆开，然后递归下降，把所有情况遍历后得到最优解。如代码清单 6-14 所示，函数里还调用了 create_mergejoin_path，用来做归并关联（merge join）。同时，函数里面会添加节点代价计算的信息，提供给优化器做比较。

代码清单 6-14　create_mergejoin_path 函数逻辑

```
|--create_mergejoin_path()
    {
        |--cdbpath_Motion_for_join()
        {
            |--cdbpath_create_Motion_path()
            |--|--cdbpath_cost_Motion(root,pathnode);
            pathnode = makeNode(MergePath);
```

```
            cost_mergejoin(pathnode,root);
        }
    }
```

如代码清单 6-15 所示,cdbpath_cost_Motion 函数里有代价计算的代码逻辑。

代码清单 6-15　cdbpath_cost_Motion 函数片段

```
void cdbpath_cost_Motion(PlannerInfo *root,CdbMotionPath *Motionpath)
{

    cost_per_row = (gp_Motion_cost_per_row > 0.0)
                    ? gp_Motion_cost_per_row
                    : 2.0 * cpu_tuple_cost;
    sendrows = cdbpath_rows(root,subpath);
    recvrows = cdbpath_rows(root,(Path *)Motionpath);
    Motioncost = cost_per_row * 0.5 * (sendrows + recvrows);
    Motionpath->path.total_cost = Motioncost + subpath->total_cost;
    Motionpath->path.startup_cost = subpath->startup_cost;
    Motionpath->path.memory = subpath->memory;
}
```

最后介绍的是 cdbparallelize 函数,如代码清单 6-16 所示,它把剩余的执行计划并行化工作做完,生成执行计划并返回。

代码清单 6-16　cdbparallelize 函数逻辑

```
cdbparallelize
    ----- prescan
    ----- apply_Motion

result = makeNode(PlannedStmt);
result->planTree = top_plan;
return result;
```

6.1.4　Orca 优化器简介

Orca 是数据库领域一个很有名的优化器,来自一篇论文 "Orca:a modular query optimizer architecture for big data"[1]。本节主要介绍 Orca 的背景、历史和现状。

优化器要处理的问题是根据数据库本身的特点和统计信息,依据代价,把抽象语法树生成多种执行计划,然后选出最优解。因为抽象语法树是树状结构的,所以对树状数据结构进行分析并求出最优解属于动态规划算法的范畴。动态规划对树状模型求最优解时有两个方式,

---

1　SOLIMAN M A, ANTOVA L, RAGHAVAN V, et al. Orca:a modular query optimizer architecture for big data[J]. SIGMOD International Conference on Management of Data, 2014: 337-348.

即自顶向下和自底向上。

数据库查询优化器的搜索技术基本上分为基于动态规划的自底向上搜索（bottom-up search）法和基于 Cascades/Volcano 的自顶向下搜索（top-down search）法两个流派。Cascades 的前身就是 Volcano 优化器框架。提到 Volcano，可能大家想到的更多的是基于迭代树的"火山模型"执行框架，但其实 Volcano 是一个包含优化框架和执行框架的研究型项目。而 Volcano 优化器框架是其中最为核心的一部分，其目标是构建具有完全扩展性的优化器生成器。它并不是一个具体的优化器实现，而是一个生成和构建优化器的框架，只要遵循其方法论，插入符合自身需求的组件，用户就能实现一个优化器。业界很多数据库系统采用了 Cascades/Volcano 框架的优化器，例如 Spark、Impala、Greenplum、SQL Server 等。Orca 优化器也是在这样的环境中诞生的。

如图 6-4 所示，Orca 优化器定义了一种叫作 DXL 的语句接口，解析器（Parser）通过 DXL 接口把查询翻译成 Orca 能识别的类型。然后 Orca 从元数据（Catalog）获取信息，最后通过 DXL 的语句接口将执行计划发还给执行器（Executor）。

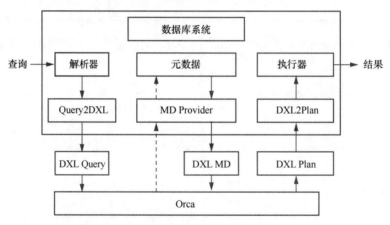

图 6-4　Orca 优化器

提出 Orca 的论文中描述的是一种优化器的架构，采用这种架构的优化器可以被用在各种数据库里面，这有别于 PostgreSQL 的 Legacy 优化器。与 Orca 类似的还有一个叫作 Apache Calcite 的优化器，该优化器是一种通用的优化器，也采用自顶向下的分析策略。

Orca 项目开始于 2011 年。直至 2015 年，开源 Greenplum 4 默认的优化器还是 Legacy，需要手动打开 Orca 才能使用它。在 Hadoop 上运行 Greenplum 的项目 HAWQ 默认的优化器是 Orca。因为 HDFS 的访问肯定比本地文件系统的访问慢，所以 HAWQ 执行的查询速度和 Greenplum 执行的查询速度不是一个数量级，而且 HAWQ 的 segment 实例是无状态的。这样的情况也没有体现出 Orca 的优势。

后来 Greenplum 对 Orca 优化器开展了很多稳定性和性能方面的优化工作。Greenplum 6 开始默认使用 Orca 优化器。

6.2 运行执行器的算子

前面一节介绍了不少关于 Greenplum 基础设施的内容，运行执行器的执行会使用到它们，所以本节会把之前的内容再深入介绍一下，然后把 QE 的执行流程串起来作为总结。

运行执行器本质上是一个 PostgreSQL 单机数据库，执行算子里有各种各样的 PostgreSQL 计算节点或者读写节点。Greenplum 把传统 PostgreSQL 的执行计划并行化，加入了 3 种 Motion 节点。本节先把这些节点的名字和类型列出来，在后面的代码分析里，读者可以回顾前面的内容，进而对运行执行器有一个全面的认识。

如代码清单 6-17 所示，从 ExecProcNode 函数（这是一个被递归调用的函数）开始，各个算子在计算自己所在的节点的时候，会从更下面一层的输出获取数据。比如有一个左子树、一个右子树，ExecProcNode 函数在遍历左右子树的时候会被递归调用，直到整个执行计划树被遍历完毕。这样的实现方式在 PostgreSQL 中得到了广泛应用，在 Greenplum 中被延续使用。

代码清单 6-17　ExecProcNode 函数片段

```
TupleTableSlot * ExecProcNode(PlanState *node)
{
        TupleTableSlot *result = NULL;
        if (QueryFinishPending && !IsA(node,MotionState))
                return NULL;
        ...
        switch (nodeTag(node))
        {
                case T_ResultState:
                        result = ExecResult((ResultState *) node);
                        break;
```

6.2.1　常规算子

常规算子大多是 PostgreSQL 里面已有的算子，Greenplum 可直接使用或者优化后使用。首先是几个控制节点，如代码清单 6-18 所示，控制节点类型主要来自原生的 PostgreSQL。

代码清单 6-18　主要控制节点类型

```
T_ResultState
T_AppendState
```

```
T_RecursiveUnionState
T_SequenceState
```

控制节点用于完成一些特殊流程的执行。为查询语句生成二叉树状的查询计划，其中大部分节点的执行过程需要两个以内的输入和一个输出。但有一些特殊的功能会含有特殊的执行方式和输入需求。比如增、删、改是在普通的查询基础上增加 ModifyTable 的操作（用 ModifyTable 节点实现）。它会判断是增、删、改的哪一种，然后相应地从下层的计划里面抽取数据。合并操作在节点上会执行多个（大于 2 个）表的合并；追加节点的操作不像合并，不是把涉及的多个表放在子节点中，而是将这些表组成一个链表放在追加节点的 appendplans 字段中，处理时依次处理该链表中的节点获取输入。这一类节点被称为控制节点。

代码清单 6-19 是 RecursiveUnion 控制节点的数据结构，用于处理递归定义的合并语句。

代码清单 6-19　RecursiveUnion 结构体

```
typedef struct RecursiveUnion
{
    Plan        plan;
    int         wtParam;
} RecursiveUnion;
```

图 6-5 所示是 ExecRecursiveUnion 函数的解释。通常这种包含子计划的算子需要生成中间表，故这种算子被专门提出来作为控制节点。

```
/* ---------------------------------------------------------------
 *                       ExecRecursiveUnion
 *
 * 函数的执行分两步。
 * 第1步：执行非递归部分的操作，将非递归部分的结果元组存入工作表，为递归部分完成了
 * 初始化工作。
 * 第2步：执行递归部分的操作，有如下的子步骤。
 *
 * 2.1 从当前工作表中抽取元组。
 * 2.2 如果没有新元组，并且临时表为空，则直接返回。
 * 2.3 如果没有新元组，并且临时表为非空，则将临时表的内容赋给工作表，以便下次递归使
 *     用新的工作表。
 * 2.4 如果有新的元组，将元组存入新的临时表。
 * 2.5 回到步骤2.1。
 *
 */
TupleTableSlot *
ExecRecursiveUnion(RecursiveUnionState *node)
```

图 6-5　ExecRecursiveUnion 函数的解释

Scan 算子的类型如代码清单 6-20 所示。

代码清单 6-20　Scan 算子的类型

```
/* Scan 算子的类型 */
T_TableScanState
T_DynamicTableScanState
T_ExternalScanState
```

```
T_IndexScanState
T_DynamicIndexScanState
T_BitmapHeapScanState
T_BitmapAppendOnlyScanState
T_BitmapTableScanState
T_TidScanState
T_SubqueryScanState
T_FunctionScanState
T_TableFunctionState
T_ValuesScanState
T_CteScanState
T_WorkTableScanStat
```

其中 T_TableScanState 表示表扫描，最后会调用代码清单 6-21 所示的函数。

代码清单 6-21　表扫描 Scan 算子函数片段

```
TupleTableSlot *
ExecTableScanRelation(ScanState *scanState)
{
    return ExecScan(scanState,
        getScanMethod(scanState->tableType)->accessMethod);
}
```

tableType 表示表的类型，如代码清单 6-22 所示。TableTypeHeap 是堆表，TableTypeAppendOnly 是 append-only 表，TableTypeAOCS 是列存储的 append-only 表。每种表都有自己的结构。

代码清单 6-22　表扫描 Scan 算子的表类型

```
typedef enum
{
    TableTypeHeap = 0,
    TableTypeAppendOnly = 1,
    TableTypeAOCS = 2,
    TableTypeInvalid,
} TableType;
```

代码清单 6-20 中的 T_IndexScanState 表示对 B 树进行索引扫描，因为索引是用 B 树来存储的。T_BitmapHeapScanState、T_BitmapAppendOnlyScanState 和 T_BitmapTableScanState 是用位图相关的技术做索引扫描的。T_DynamicIndexScanState 表示对含分区表的表进行扫描的时候，用一个分区选择函数（含选择策略）来进行分区选择。

其他的 Scan 算子可以从字面意思上理解。

如代码清单 6-23 所示，3 个关联算子表示 3 种不同的关联算法。

代码清单 6-23　关联算子类型

```
T_NestLoopState
T_MergeJoinState
T_HashJoinState
```

如代码清单 6-24 所示，后续是查询计划中的其他算子。T_MaterialState 表示将一个子查询物化，如果上层再次调用该子查询，就不用重复执行了；T_SortState 一般用于为另一个要排序数据的操作（如聚合或者归并关联）准备排序数据；T_AggState 用于哈希聚集；T_UniqueState 用于 unique 关键字相关的操作；T_HashState 算子还未实现；T_LimitState 一般用于限制返回的行数。

代码清单 6-24　算子类型

```
T_MaterialState
T_SortState
T_AggState
T_UniqueState
T_HashState
T_SetOpState
T_LimitState
T_MotionState
T_ShareInputScanState
T_WindowState
T_RepeatState
T_DMLState
T_SplitUpdateState
T_RowTriggerState
T_AssertOpState
T_PartitionSelectorState
```

6.2.2　具有特殊功能的算子

本节要介绍一个叫作 ShareInputScan 的算子，如代码清单 6-25 所示。这个算子在 Greenplum 里面有特殊的功能，能在特定场景里起到特殊的作用。

代码清单 6-25　ShareInputScan 算子

```
case T_ShareInputScanState:
        result = ExecShareInputScan((ShareInputScanState *) node);
        break;
```

ShareInputScan 算子主要用来处理子计划的输出。有些查询语句含有公共表表达式（common table expression，CTE）类型的语句，执行计划的窗函数就会有 ShareInputScan 算子。

首先要开启 gp_cte_sharing 这个 GUC，然后运行类似图 6-6 所示的 SQL 语句。该 GUC 默认状态是关闭的，不会产生 ShareInputScan 算子而直接使用子计划的输出。

```
postgres=# show gp_cte_sharing;
 gp_cte_sharing
----------------
 off
(1 row)

postgres=# explain with t as (select * from t2) select * from t tt1, t tt2;
                                    QUERY PLAN
-----------------------------------------------------------------------------------
 Gather Motion 3:1  (slice2; segments: 3)  (cost=0.06..0.14 rows=4 width=16)
   ->  Nested Loop  (cost=0.06..0.14 rows=2 width=16)
         ->  Seq Scan on t2  (cost=0.00..1.01 rows=1 width=8)
         ->  Materialize  (cost=0.06..0.09 rows=1 width=8)
               ->  Broadcast Motion 3:3  (slice1; segments: 3)  (cost=0.00..0.06 rows=1 width=8)
                     ->  Seq Scan on t2  (cost=0.00..1.01 rows=1 width=8)
 Optimizer status: legacy query optimizer
(7 rows)

postgres=#
postgres=# set gp_cte_sharing=on;
SET
postgres=# show gp_cte_sharing;
 gp_cte_sharing
----------------
 on
(1 row)

postgres=# explain with t as (select * from t2) select * from t tt1, t tt2;
                                    QUERY PLAN
-----------------------------------------------------------------------------------
 Gather Motion 3:1  (slice2; segments: 3)  (cost=0.06..0.14 rows=4 width=16)
   ->  Nested Loop  (cost=0.06..0.14 rows=2 width=16)
         ->  Shared Scan (share slice:id 2:0)  (cost=1.02..1.22 rows=1 width=8)
         ->  Materialize  (cost=0.06..0.09 rows=1 width=8)
               ->  Broadcast Motion 3:3  (slice1; segments: 3)  (cost=0.00..0.06 rows=1 width=8)
                     ->  Shared Scan (share slice:id 1:0)  (cost=1.02..1.22 rows=1 width=8)
                           ->  Materialize  (cost=1.01..1.02 rows=1 width=8)
                                 ->  Seq Scan on t2  (cost=0.00..1.01 rows=1 width=8)
 Settings:  gp_cte_sharing=on
 Optimizer status: legacy query optimizer
(10 rows)
```

图 6-6　含特殊算子的执行计划

ShareInputScan 算子的价值是什么？

Greenplum 的执行计划中的一个节点，在获取二叉树左右两个子树的输出时，会有两种场景。一种叫作本地共享（local share）场景，所有数据的消费者和生产者都在相同的 slice 里面。这时候是没有竞争的，类似于 PostgreSQL 的 CTE 扫描。前面章节提到相同的 slice 的 writer gang 和 reader gang 都有相同的共享内存，所以这时候不用物化，直接在各自的 segment 实例的共享内存里共享数据。另一种叫作跨 slice 共享（cross-slice share）场景，数据的消费者和生产者在不同的 slice 里。这时候因为不同的 slice 都在读相同子计划的数据，而且是分布式环境，所以如果子计划非常复杂，有可能有潜在的死锁。Greenplum 的解决方法是，先物化子计划的中间结果，然后通知消费者去读中间结果文件。过程是，首先生产者把子计划输出的结果存在一种叫 tuplestore 的数据结构里，tuplestore 会被存放在磁盘上面的文件内。然后消费者读取子计划时从文件读取数据。中间的过程还可能涉及进一步的排序和物化操作等。

图 6-7 是图 6-6 所示执行计划的示意图，Broadcast Motion（广播操作）和 Gather Motion 把执行计划分成两个 slice。两个 slice 都要读取表 t2 的数据，所以存在两个 ShareInputScan 算子，Nest Loop 关联的 ShareInputScan 算子属于消费者，Broadcast Motion 下面的 ShareInputScan 算子属于生产者。生产者把 t2 表的数据读出来，然后做物化（Materialize），再通知消费者的 ShareInputScan 算子去读取物化后的数据。最后两边的数据用 Nest Loop 关联聚合起来，再被 QD 合并到一起。

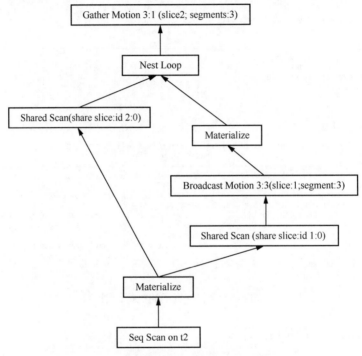

图 6-7　含特殊算子的执行计划示意

代码清单 6-26 所示为 ShareInputScan 算子使用的进程间通信（interprocess communication，IPC）的数据结构。

代码清单 6-26　ShareInput_Lk_Context 结构体

```
typedef struct ShareInput_Lk_Context
{
    int readyfd;
    int donefd;
    int  zcnt;
    bool del_ready;
    bool del_done;
    char lkname_ready[MAXPGPATH];
```

```
        char lkname_done[MAXPGPATH];
} ShareInput_Lk_Context;
```

Greenplum 6 的代码对 ShareInputScan 算子做了较大改动，但原理和 Greenplum 5 的原理是一样的。除了具体的逻辑，Greenplum 还在节点逻辑的上层加入了一个 ExecSquelchNode 接口，如代码清单 6-27 所示。

代码清单 6-27　执行算子的几个重要接口函数

```
 *    INTERFACE ROUTINES
 *        ExecCountSlotsNode  -    执行计划树的元组数量
 *        ExecInitNode        -    初始化执行计划节点和子计划
 *        ExecProcNode        -    从执行计划里面获取一个元组
 *        ExecEndNode         -    关闭节点和相应的子计划
 *        ExecSquelchNode     -    通知子树不再需要元组
```

ExecSquelchNode 接口的作用之一是在 QE 执行的时候进行剪枝操作，把复杂的问题简单化。

6.2.3　Motion 算子

Motion 算子是 Greenplum 的重要模块。前面的 Interconnect 相关内容对 Motion 算子的底层调用关系做了分析，本节主要介绍其上层调用关系。

在 Interconnect 相关内容里多次提到 execMotion 相关的函数，如 execMotionSender 或者 execMotionReceiver，如代码清单 6-28 所示，分为 send 和 receive 两种 Motion，纵向又分为 sorted 和 unsorted 两种 Motion，因为 sender Motion 没有排序的概念，所以共存在 3 种 Motion 的函数。

代码清单 6-28　ExecMotion 函数调用片段

```
case T_MotionState:
        result = ExecMotion((MotionState *) node);
```

execMotionUnsortedReceiver 是简单接收数据；execMotionSortedReceiver 是一个小根堆 CdbHeap，接收的数据在小根堆里排序然后输出；execMotionSender 的功能是发送元组，上层发送过来的元组用 doSendTuple 函数发送出去，参数 Motion 来自执行计划 "(Motion *) node->ps.plan"。

也就是说，doSendTuple 函数的底层会根据 Motion 的 3 种类型（broadcast、redistribution 和 gather）进行 Interconnect 层面的数据交互。这个细节在 Interconnect 层面已经详细介绍。

如代码清单 6-29 所示，execMotionSender 作为 Motion 算子，从下层的二叉树抽取数据，所以会递归调用代码清单 6-17 所示的 ExecProcNode 函数。6.2.4 节会把情景串起来介绍，其中包含 QE 的重点——ExecProcNode 函数的递归调用。

代码清单 6-29　execMotionSender 函数片段

```
static TupleTableSlot *
execMotionSender(MotionState * node)
{
    TupleTableSlot *outerTupleSlot;
    PlanState    *outerNode;
    Motion       *Motion = (Motion *) node->ps.plan;
    bool         done = false;
    while (!done)
    {
        outerNode = outerPlanState(node);
```

6.2.4　运行执行器综述

本节将总结运行执行器的工作流程。入口函数是 exec_mpp_query，最开始调用 deserializeNode 解析需要的信息，如 slice 表、执行计划等，然后用 CreatePortal 创建门户对象，这是 PostgreSQL 里面的常规动作，调用过程是"PortalStart→ExecutorStart"。ExecutorStart 函数做了一系列初始化工作，包括初始化 Motion 和 Interconnect，最后调用 InitPlan 函数。这个函数也是 PostgreSQL 里面的重要函数，用于查询计划的初始化。

如代码清单 6-30 所示，首先是运行执行器的状态信息，这个数据结构也是 PostgreSQL 里面常用的结构。

代码清单 6-30　EState 结构体

```
typedef struct EState
{
    ...
        struct sliceTable *es_sliceTable;
        bool     es_interconnect_is_setup;
        bool     es_got_eos;
        bool     cancelUnfinished;
        bool     es_interconnect_is_setup;
        bool     es_got_eos;
        bool     cancelUnfinished;
        struct CdbDispatcherState *dispatcherState;
        struct CdbExplain_ShowStatCtx *showstatctx;
        PartitionState *es_partition_state;
        int      currentsliceIdInPlan;
        int      currentExecutingsliceId;
    ...
}
```

然后初始化 slice。如代码清单 6-31 所示，slice 有自己的 index 和 gang，gang 是 slice 的运行载体。

代码清单 6-31　slice 结构体

```
typedef struct slice
{
    NodeTag         type;
    int             sliceIndex;
    int             rootIndex;
    int             parentIndex;
    List            *children;
    gangType        gangType;
    int             gangSize;
    int             numgangMembersToBeActive;
    DirectDispatchInfo directDispatch;
    struct gang     *primarygang;
    List            *primaryProcesses;
} slice;
```

Motion 节点的结构如代码清单 6-32 所示。

代码清单 6-32　Motion 节点结构体片段

```
typedef struct MotionNodeEntry
{
    int16           Motion_node_id;
    ChunkSorterEntry *ready_tuple_lists;
    TupleDesc       tuple_desc;
    ...
} MotionNodeEntry;
```

如代码清单 6-33 所示，ChunkTransportStateEntry 结构用于 Motion 之间的连接控制。

代码清单 6-33　ChunkTransportStateEntry 结构体

```
typedef struct ChunkTransportStateEntry
{
    int             motNodeId;
    bool            valid;
    MotionConn      *conns;
    struct slice    *sendslice;
    struct slice    *recvslice;
}ChunkTransportStateEntry;
```

如代码清单 6-34 所示，在调用 SetupUDPIFCInterconnect_Internal 或者 SetupTCPInterconnect 的时候会初始化代码清单 6-33 所示的结构体。

代码清单 6-34　两类 Interconnect 初始化片段

```
static void SetupUDPIFCInterconnect_Internal(EState *estate)
{
    foreach(cell,myslice->children)
    {
        pEntry = createChunkTransportState(estate->interconnect_context,aslice,
myslice,numProcs);
    }
}

static void SetupTCPInterconnect(EState *estate)
{
    foreach(cell,myslice->children)
    {
        (void) createChunkTransportState(estate->interconnect_context,aslice,
myslice,totalNumProcs);
    }
}
```

createChunkTransportState 函数如代码清单 6-35 所示。

代码清单 6-35　createChunkTransportState 函数

```
ChunkTransportStateEntry *
createChunkTransportState(ChunkTransportState *transportStates,
                          slice *sendslice,slice *recvslice,
                          int numprimaryConns)
{
    for (i = 0; i < pEntry->numConns; i++)
    {
        MotionConn *conn = &pEntry->conns[i];
        conn->state = mcsNull;
        conn->sockfd = -1;
        conn->msgSize = 0;
        conn->tupleCount = 0;
        conn->stillActive = false;
        conn->stopRequested = false;
        conn->wakeup_ms = 0;
        conn->cdbProc = NULL;
        conn->sent_record_typmod = 0;
        conn->remapper = NULL;
    }
}
```

　　介绍到这里，QE 的初始化工作基本完成，后续即可开始运行执行计划。执行计划的入口函数叫作 PortalRun，根据查询语句的类型会调用 ExecutePlan 或者 PortalRunUtility 函数。分辨的规则是，SQL 语句是否像 create、delete 等的 DDL 或 DML 命令。

入口函数 ExecutePlan 抽取到有效信息或者元组后，会把它们发给对应的操作，比如选择、插入、删除、更新等。ExecProcNode 是一个递归调用函数，通过递归调用实现对执行计划树的遍历。关于 ExecProcNode 函数，这里用具体的例子介绍分析。

首先分析 ExecProcNode 里调用 scan 的过程。如代码清单 6-36 所示，从 ExecProcNode 到 ExecScan 的函数调用过程是"ExecProcNode→ExecTableScanRelation→ExecTableScan→ExecScan"。

代码清单 6-36　ExecTableScanRelation 函数

```
TupleTableSlot *
ExecTableScanRelation(ScanState *scanState)
{
    return ExecScan(scanState,getScanMethod(scanState->tableType)->accessMethod);
}
```

然后分析各种类型的表的具体扫描方法。如代码清单 6-37 所示，scan 算子是在这个函数里面注册的。

代码清单 6-37　scan 算子接口函数注册

```
static const ScanMethod scanMethods[] =
{
    {
        &HeapScanNext,&BeginScanHeapRelation,&EndScanHeapRelation,
        &ReScanHeapRelation,&MarkPosHeapRelation,&RestrPosHeapRelation
    },
    {
        &AppendOnlyScanNext,&BeginScanAppendOnlyRelation,&EndScanAppendOnlyRelation,
        &ReScanAppendOnlyRelation,&MarkRestrNotAllowed,&MarkRestrNotAllowed
    },
    {
        &AOCSScanNext,&BeginScanAOCSRelation,&EndScanAOCSRelation,
        &ReScanAOCSRelation,&MarkRestrNotAllowed,&MarkRestrNotAllowed
    }
};
```

如果是堆表，函数调用过程是"HeapScanNext→heap_getnextx→heap_getnext→heapgettup→heapgetpage→BufferGetPage→HeapTupleSatisfiesVisibility"。

回到最开始介绍的 exec_mpp_query 函数，PortalRun 执行完成后开始清理工作。如代码清单 6-38 所示，最后会给 psql 客户端（这时候的客户端是 QD 节点）发送信息，表示计划执行完毕。

代码清单 6-38　EndCommand 函数

```
EndCommand(completionTag, dest);
```

以上就是 QE 执行计划的大概流程。

6.3　本地共享快照

使用本地共享快照的主要目的是在 writer 和 reader 内部共享数据。Greenplum 的查询计划可能含有多个 slice，每个 slice 在每个 segment 实例上对应一个单独的 PostgreSQL 进程。相同的主机上，相同会话的不同进程需要共享数据，比如快照信息需要在 writer gang 和 reader gang 之间共享。操作系统层面，Greenplum 利用了共享内存技术，在 QE 进程初始化的时候，开辟了一块共享内存用于存储快照信息。

如图 6-8 和图 6-9 所示，一个 SegMate 进程组对应一个 slot，通过唯一的会话标识来标记。一个 segment 实例可能有多个 SegMate 进程组，每个进程组对应一个用户会话。

writer 创建本地事务后，在共享内存中获得一个 SharedLocalSnapshot，并把本地事务和快照信息复制到共享 slot 中，SegMate 进程组中的其他 reader 从该共享内存中获得事务和快照信息。reader 会等待 writer，直到 writer 设置好本地共享快照信息。

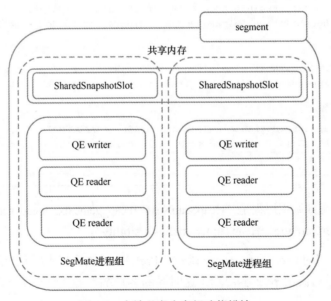

图 6-8　本地共享内存组功能模块

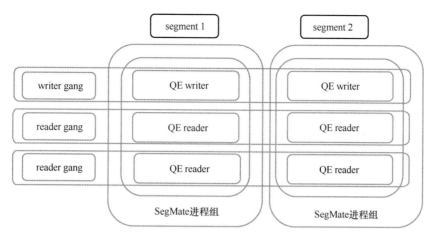

图 6-9　gang 和本地共享内存组功能模块

如代码清单 6-39 和代码清单 6-40 所示，函数的功能是判断 writer 用来验证自己的信息是否已经全部更新。仔细观察会发现，函数在比对 QEDtxContextInfo 和 SharedLocalSnapshotSlot 这两个全局变量的信息。本节主要介绍全局变量 SharedLocalSnapshotSlot。

代码清单 6-39　QEwriterSnapshotUpToDate 函数逻辑

```
static bool QEwriterSnapshotUpToDate(void)
{
        Assert(!Gp_is_writer);
        if (SharedLocalSnapshotSlot == NULL)
             elog(ERROR,"SharedLocalSnapshotSlot is NULL");
        LWLockAcquire(SharedLocalSnapshotSlot->slotLock,LW_SHARED);
        bool result =
QEDtxContextInfo.distributedXid == SharedLocalSnapshotSlot->QDxid &&
        QEDtxContextInfo.curcid == SharedLocalSnapshotSlot->QDcid &&
    QEDtxContextInfo.segmateSync == SharedLocalSnapshotSlot->segmateSync &&
        SharedLocalSnapshotSlot->ready;
        LWLockRelease(SharedLocalSnapshotSlot->slotLock);
        return result;
}
```

代码清单 6-40　QEwriterSnapshotUpToDate 函数调用片段

```
for (;;)
{
  if (QEwriterSnapshotUpToDate())
  {
    LWLockAcquire(SharedLocalSnapshotSlot->slotLock,LW_SHARED);
    snapshot->xmin = SharedLocalSnapshotSlot->snapshot.xmin;
    snapshot->xmax = SharedLocalSnapshotSlot->snapshot.xmax;
    snapshot->xcnt = SharedLocalSnapshotSlot->snapshot.xcnt;
    ...
```

```
        }
        else
```

注意观察图 6-10 和代码清单 6-40 所示代码片段，for 循环是一个死循环，SharedLocalSnapshotSlot 的更新应该都来自 writer gang，所以前面的函数 QEwriterSnapshotUpToDate 一直在等待 writer gang 把 SharedLocalSnapshotSlot 设置好。设置好以后才能和 QEDtxContextInfo 里面的信息做比对，比对正确之后函数才能离开死循环，否则函数就会一直停在这里等待 writer gang 完成它的工作。

```
(gdb) b QEwriterSnapshotUpToDate
Breakpoint 1 at 0x8ca664: file procarray.c, line 964.
(gdb) c
Continuing.

Breakpoint 1, QEwriterSnapshotUpToDate () at procarray.c:964
964             Assert(!Gp_is_writer);
(gdb) bt
#0  QEwriterSnapshotUpToDate () at procarray.c:964
#1  0x00000000008cabcb in GetSnapshotData (snapshot=0x1115180 <SerializableSnapshotData>) at procarray.c:1164
#2  0x00000000000a971e6 in GetTransactionSnapshot () at tqual.c:1388
#3  0x00000000008f164c in PortalStart (portal=0x2d1ca28, params=0x0, snapshot=0x0,
    seqServerHost=0x2d0b1dd "127.0.0.1", seqServerPort=37934, ddesc=0x2ddee58) at pquery.c:649
#4  0x00000000008e96a2 in exec_mpp_query (query_string=0x2d0af56 "select * from t1,t2 where t1.id = t2.num;",
    serializedQuerytree=0x0, serializedQuerytreelen=0, serializedPlantree=0x2d0af80 "\367\006",
    serializedPlantreelen=451, serializedParams=0x0, serializedParamslen=0,
    serializedQueryDispatchDesc=0x2d0b143 "V\001", serializedQueryDispatchDesclen=154,
    seqServerHost=0x2d0b1dd "127.0.0.1", seqServerPort=37934, localSlice=1) at postgres.c:1327
#5  0x00000000008ef6da in PostgresMain (argc=1, argv=0x2d114a8, dbname=0x2d11408 "postgres",
    username=0x2d113c8 "gpadmin") at postgres.c:5159
#6  0x00000000008822e5 in BackendRun (port=0x2d218e0) at postmaster.c:6732
#7  0x0000000000881971 in BackendStartup (port=0x2d218e0) at postmaster.c:6406
#8  0x000000000087a7e1 in ServerLoop () at postmaster.c:2444
#9  0x00000000008790ea in PostmasterMain (argc=12, argv=0x2ce85a0) at postmaster.c:1528
#10 0x0000000000791ba9 in main (argc=12, argv=0x2ce85a0) at main.c:206
(gdb)
```

图 6-10　更新本地共享内存组信息的函数调用关系

可以在很多地方设置 SharedLocalSnapshotSlot，其中一个就在 GetSnapshotData 函数内，在 writer gang 的分支调用 updateSharedLocalSnapshot。

代码清单 6-41 所示片段还是在函数 GetSnapshotData 内，与前面 reader gang 相关的代码不一样，这里是 writer gang 分支。代码清单 6-40 所示的 for 循环等待同步，是 reader gang 分支。

代码清单 6-41　GetSnapshotData 函数片段

```
snapshot->xmin = xmin;
snapshot->xmax = xmax;
snapshot->xcnt = count;
snapshot->subxcnt = subcount;
snapshot->curcid = GetCurrentCommandId(false);
if ((DistributedTransactionContext == DTX_CONTEXT_QE_TWO_PHASE_EXPLICIT_WRITER ||
        DistributedTransactionContext == DTX_CONTEXT_QE_TWO_PHASE_IMPLICIT_WRITER ||
        DistributedTransactionContext == DTX_CONTEXT_QE_AUTO_COMMIT_IMPLICIT) &&
    SharedLocalSnapshotSlot != NULL)
```

```
{
    updateSharedLocalSnapshot(&QEDtxContextInfo,snapshot,"GetSnapshotData");
}
```

如图 6-11 所示，共享内存里 slot 的信息会在 writer 进程退出的时候被删除。

```
(gdb) b SharedSnapshotRemove
Breakpoint 1 at 0xa98cc2: file sharedsnapshot.c, line 530.
(gdb) c
Continuing.
[Thread 0x7f5726449700 (LWP 1157) exited]

Breakpoint 1, SharedSnapshotRemove (slot=0x7f57180c9018, creatorDescription=0xd5b70e "Writer qExec") at sharedsnapshot.c:530
530         int slotId = slot->slotid;
(gdb) bt
#0  SharedSnapshotRemove (slot=0x7f57180c9018, creatorDescription=0xd5b70e "Writer qExec") at sharedsnapshot.c:530
#1  0x00000000008d7fc5 in ProcKill (code=0, arg=0) at proc.c:770
#2  0x00000000008c80b0 in shmem_exit (code=0) at ipc.c:261
#3  0x00000000008c7fa4 in proc_exit_prepare (code=0) at ipc.c:221
#4  0x00000000008c7e9d in proc_exit (code=0) at ipc.c:97
#5  0x00000000008efebd in PostgresMain (argc=1, argv=0x2d114a8, dbname=0x2d11408 "postgres", username=0x2d113c8 "gpadmin") at postgres.c:5470
#6  0x00000000008822e5 in BackendRun (port=0x2d218e0) at postmaster.c:6732
#7  0x0000000000881971 in BackendStartup (port=0x2d218e0) at postmaster.c:6406
#8  0x000000000087a7e1 in ServerLoop () at postmaster.c:2444
#9  0x00000000008790ea in PostmasterMain (argc=12, argv=0x2ce85a0) at postmaster.c:1528
#10 0x0000000000791ba9 in main (argc=12, argv=0x2ce85a0) at main.c:206
(gdb)
```

图 6-11　删除本地共享内存组信息的函数调用关系

6.4　分布式快照

本节主要介绍分布式快照的实现方式、用快照进行可见性判断的过程。本节不会深入介绍快照技术的具体实现，但会着重介绍分布式相关的逻辑和概念。

6.4.1　分布式快照的实现方式

快照技术是与 MVCC 技术相关的，MVCC 有 xmin 和 xmax，在更新和删除的时候不删除数据，只是标注和插入新数据。下面用图 6-12 来解释快照（黑点是一个事务启动和结束的标识）。快照表示的是一个瞬间状态，具体的内容是一个范围段。生成快照的时候会把当前的 xmin、xmax、活跃事务组这 3 个主要的元组做成一个快照。这 3 个元组会随着事务的开启和提交实时地变化，所以说快照描述的是一个范围段，如图 6-12 所示。

有了基本介绍，大家来看一个问题。在 Greenplum 里，SQL 语句在不同实例上的执行顺序可能不同。譬如图 6-13 所示例子中，segment1 首先执行 SQL1，然后执行 SQL2，所以新插入的数据对 SQL1 不可见；而 segment2 先执行 SQL2 后执行 SQL1，因而 SQL1 可以看到新插入的数据，这样就会造成数据的不一致。

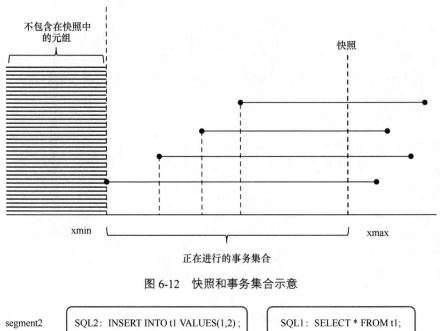

图 6-12　快照和事务集合示意

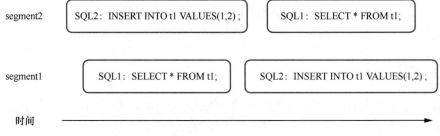

图 6-13　分布式执行

Greenplum 是如何解决这个问题的呢？简单来说，就是在 QD 上面生成分布式快照和分布式标识，把这些信息发送给各个 segment 实例，在各个实例上按照一定逻辑对分布式快照和分布式标识进行对比，决定当前元组是否可见。

这里通过两种模式来分析代码，一种是串行模式，对应的设置语句是"set transaction isolation level serializable;"。另一种是读已提交模式，是 Greenplum 启动后默认的模式。如果是串行模式，只会在"set transaction isolation level serializable;"的时候从 QD 发送分布式快照给 QE。如果是读已提交模式，每个 SQL 语句都会创建一个分布式快照。在这两种模式的执行过程中，元组的可见性是有区别的。如图 6-14 所示，创建分布式快照的函数叫作 createDtxSnapshot。

再介绍两个标识，一个叫作 distribSnapshotId，另一个叫作 gxid 或者 distribXid。前者是分布式快照标识，后者是分布式事务标识。按照常规逻辑，每次创建了快照就生成一个新的分布式事务标识（distribXid），它们应该一起增长，但是实际的观察和预测是有差异的。首先从 QD 上创建了分布式快照，这个创建过程比较不一样，createDtxSnapshot 会被 GetTransactionSnapshot 函数调用，而 GetTransactionSnapshot 函数又会在多处被调用。第一处如代码清单 6-42 所示。

```
Breakpoint 1, createDtxSnapshot (distribSnapshotWithLocalMapping=0x1115238 <LatestSnapshotData+56>) at cdbtm.c:2418
2418        if (currentGxact == NULL)
(gdb) bt
#0  createDtxSnapshot (distribSnapshotWithLocalMapping=0x1115238 <LatestSnapshotData+56>) at cdbtm.c:2418
#1  0x00000000008ca473 in FillInDistributedSnapshot (snapshot=0x1115200 <LatestSnapshotData>) at procarray.c:902
#2  0x00000000008cb6b7 in GetSnapshotData (snapshot=0x1115200 <LatestSnapshotData>) at procarray.c:1459
#3  0x0000000000a97309 in GetTransactionSnapshot () at tqual.c:1409
#4  0x000000000008f164c in PortalStart (portal=0x2768008, params=0x0, snapshot=0x0, seqServerHost=0x0, seqServerPort=-1, ddesc=0x0)
    at pquery.c:649
#5  0x00000000008ea383 in exec_simple_query (query_string=0x27ff978 "select * from t2;", seqServerHost=0x0, seqServerPort=-1)
    at postgres.c:1738
#6  0x00000000008eef4f in PostgresMain (argc=1, argv=0x2762ca0, dbname=0x2762ad8 "postgres", username=0x2762a98 "gpadmin")
    at postgres.c:4975
#7  0x00000000008822e5 in BackendRun (port=0x2773200) at postmaster.c:6732
#8  0x0000000000881971 in BackendStartup (port=0x2773200) at postmaster.c:6406
#9  0x000000000087a7e1 in ServerLoop () at postmaster.c:2444
#10 0x00000000008790ea in PostmasterMain (argc=15, argv=0x2739e40) at postmaster.c:1528
#11 0x0000000000791ba9 in main (argc=15, argv=0x2739e40) at main.c:206
(gdb) c
Continuing.

(gdb) p LatestSnapshotData
$8 = {satisfies = 0xa96730 <HeapTupleSatisfiesMVCC>, xmin = 965, xmax = 965, xcnt = 0, xip = 0x1d01750, subxcnt = 0, subxip = 0x1d08180, curcid
= 0,
  haveDistribSnapshot = 1 '\001', distribSnapshotWithLocalMapping = {ds = {distribTransactionTimeStamp = 1633715264,
      xminAllDistributedSnapshots = 397, distribSnapshotId = 917, xmin = 397, xmax = 397, count = 0, maxCount = 250,
      inProgressXidArray = 0x1c05720}, minCachedLocalXid = 0, maxCachedLocalXid = 0, currentLocalXidsCount = 0, maxLocalXidsCount = 250,
    inProgressMappedLocalXids = 0x1c05b10}}
(gdb)

Breakpoint 3, createDtxSnapshot (distribSnapshotWithLocalMapping=0x1115238 <LatestSnapshotData+56>) at cdbtm.c:2534
2534        releaseTmLock();
(gdb) p distribSnapshotId
$7 = 917
```

图 6-14　创建分布式快照的函数调用关系

代码清单 6-42　分布式快照创建的相关逻辑（一）

```
    if (analyze_requires_snapshot(parsetree))
    {
        mySnapshot = CopySnapshot(GetTransactionSnapshot());
        ActiveSnapshot = mySnapshot;
    }
```

第二处如代码清单 6-43 所示，这两处都在 PortalStart 函数里面。

代码清单 6-43　分布式快照创建的相关逻辑（二）

```
    switch (portal->strategy)
    {
      case PORTAL_ONE_SELECT:
          if (snapshot)
                  ActiveSnapshot = CopySnapshot(snapshot);
          else
                  ActiveSnapshot = CopySnapshot(GetTransactionSnapshot());
```

第一处是在做数据统计信息的 analyze 操作，第二处才是创建后续要使用的分布式快照。如果第一处的 analyze 操作不被触发，就只有一次创建分布式快照的机会。QE 的调用栈如图 6-15 所示。

```
(gdb) bt
#0  GetTransactionSnapshot () at tqual.c:1386
#1  0x00000000008f164c in PortalStart (portal=0x1d101f8, params=0x0, snapshot=0x0, seqServerHost=0x1bf90af "127.0.0.1",
    seqServerPort=37934,
    ddesc=0x1d31a98) at pquery.c:649
#2  0x00000000008e96a2 in exec_mpp_query (query_string=0x1bf8f56 "select * from t2;", serializedQuerytree=0x0,
    serializedQuerytreelen=0,
    serializedPlantree=0x1bf8f68 "w\002", serializedPlantreelen=207, serializedParams=0x0, serializedParamslen=0,
    serializedQueryDispatchDesc=0x1bf9037 <incomplete sequence \332>, serializedQueryDispatchDesclen=120,
    seqServerHost=0x1bf90af "127.0.0.1",
    seqServerPort=37934, localSlice=1) at postgres.c:1327
#3  0x00000000008ef6da in PostgresMain (argc=1, argv=0x1bff4a8, dbname=0x1bff408 "postgres", username=0x1bff3c8
    "gpadmin") at postgres.c:5159
#4  0x00000000008822e5 in BackendRun (port=0x1c0f8e0) at postmaster.c:6732
#5  0x0000000000881971 in BackendStartup (port=0x1c0f8e0) at postmaster.c:6406
#6  0x000000000087a7e1 in ServerLoop () at postmaster.c:2444
#7  0x00000000008790ea in PostmasterMain (argc=12, argv=0x1bd65a0) at postmaster.c:1528
#8  0x0000000000791ba9 in main (argc=12, argv=0x1bd65a0) at main.c:206
(gdb)
```

图 6-15　QE 获取分布式快照的函数调用关系

QE 内部最终会调用 GetTransactionSnapshot 函数。函数内部每次都用新的 Serializable Snapshot，而相关的函数 GetSnapshotData 把分布式快照按照 QD 上面的内容更新，然后开始使用，而不会去访问 postgres 的快照。

在 QD 上，如图 6-16 所示，createDtx 函数在每个事务里会被调用一次，所以 distribXid 或者 "gxact->gxid" 只增加一次。

```
(gdb) b createDtx
Breakpoint 1 at 0xb9731a: file cdbtm.c, line 2603.
(gdb) c
Continuing.

Breakpoint 1, createDtx (distribXid=0x1121860 <TopTransactionStateData>) at cdbtm.c:2603
2603        MIRRORED_LOCK_DECLARE;
(gdb) bt
#0  createDtx (distribXid=0x1121860 <TopTransactionStateData>) at cdbtm.c:2603
#1  0x00000000004fe1f2 in StartTransaction () at xact.c:2343
#2  0x00000000004ffae9 in StartTransactionCommand () at xact.c:3461
#3  0x00000000008eccc7 in start_xact_command () at postgres.c:3203
#4  0x00000000008e9e31 in exec_simple_query (query_string=0x27ff978 "select * from t2;", seqServerHost=0x0,
    seqServerPort=-1) at postgres.c:1563
#5  0x00000000008eef4f in PostgresMain (argc=1, argv=0x2762ca0, dbname=0x2762ad8 "postgres", username=0x2762a98
    "gpadmin") at postgres.c:4975
#6  0x00000000008822e5 in BackendRun (port=0x2773200) at postmaster.c:6732
#7  0x0000000000881971 in BackendStartup (port=0x2773200) at postmaster.c:6406
#8  0x000000000087a7e1 in ServerLoop () at postmaster.c:2444
#9  0x00000000008790ea in PostmasterMain (argc=15, argv=0x2739e40) at postmaster.c:1528
#10 0x0000000000791ba9 in main (argc=15, argv=0x2739e40) at main.c:206
(gdb) c
Continuing.
```

图 6-16　QD 创建分布式上下文的函数调用关系

gxid 的值会一直增加，增加到 0xFFFFFFFF 的时候产生一次整个系统的重置，相关的代码如代码清单 6-44 所示。这种重置会把当前所有正在进行的事务都终止。如果重启，已经落盘的分布式事务才会保存下来。

代码清单 6-44　generateGID 函数

```
static void generateGID(char *gid, DistributedTransactionId *gxid)
{
    if (*shmGIDSeq >= LastDistributedTransactionId)
```

```
                {
                        releaseTmLock();
                        ereport(FATAL,
                                (errmsg("reached limit of %u global transactions per start",
LastDistributedTransactionId)));
                }
                Assert(*shmDistribTimeStamp != 0);
                *gxid = ++(*shmGIDSeq);
                sprintf(gid,"%u-%.10u",*shmDistribTimeStamp,(*gxid));
                if (strlen(gid) >= TMGIDSIZE)
                        elog(PANIC,"Distribute transaction identifier too long (%d)",
                                (int)strlen(gid));
                Assert(*gxid != InvalidDistributedTransactionId);
}
```

总结前面的内容，QD 原则上是所有分布式事务和分布式快照的创建者和管理者，QE 只是使用 QD 的信息。

与 PostgreSQL 的事务提交日志类似，Greenplum 需要保存全局事务的提交日志，以判断某个事务是否已经提交。信息保存在共享内存中，并持久存储在分布式事务日志目录下。只要有日志系统就会有本地缓存来做同步，Greenplum 也是按照这个原则来实现的。

所以，为了提高判断本地事务标识可见性的效率，避免每次访问全局事务提交日志，Greenplum 引入了本地事务-分布式事务提交缓存。每个 QE 都维护了这样一个缓存，通过该缓存，可以快速查到本地事务标识对应的全局事务 distribXid 信息，进而根据全局快照判断可见性，避免频繁访问共享内存或磁盘。

6.4.2 可见性判断

本节介绍分布式快照的直接使用场景——可见性判断。可见性判断的主要工作在 XidInMVCCSnapshot 函数和 HeapTupleSatisfiesMVCC 函数中完成，它们也是分布式快照的重要组成部分。对于函数 HeapTupleSatisfiesMVCC，熟悉 PostgreSQL 的读者应该了解，每个元组在查询操作里是否可见就是由这个函数来决定的。

QD 每次会生成一个分布式快照和一个分布式事务标识，然后发给各个 QE 使用。如果 SQL 语句是查询命令，就会调用 HeapTupleSatisfiesMVCC 函数对每个元组的可见性进行验证。验证的步骤较多，但大概原则和流程如下。

（1）xmin≤xmax。

（2）所有 xid 小于 xmin 的事务可以被认为已经完成，即事务已提交，其所做的修改对当前快照可见。

（3）所有 xid 大于或等于 xmax 的事务可以被认为正在执行，其所做的修改对当前快照不可见。

（4）对于 xid 处在[xmin,xmax)区间的事务，需要结合活跃事务列表与事务提交日志，判断其所做的修改对当前快照是否可见。

按照上面的原则和流程，要搞清楚元组的可见性需要详细分析 HeapTupleSatisfiesMVCC 函数。

从代码清单 6-45 开始，最开始的分支很长。

代码清单 6-45　HeapTupleSatisfiesMVCC 函数片段

```
bool HeapTupleSatisfiesMVCC(Relation relation,HeapTupleHeader tuple,
                snapshot snapshot,Buffer buffer)
{
        bool inSnapshot = false;
        bool setDistributedSnapshotIgnore = false;
        if (!(tuple->t_infomask & HEAP_XMIN_COMMITTED))
        {
```

针对 xmin 事务未提交（HEAP_XMIN_COMMITTED 标记未设置）有很多小分支，涵盖各种情况。这些分支完成以后，会进入代码清单 6-46 所示分支。

代码清单 6-46　元组可见性判断的相关逻辑（一）

```
inSnapshot = XidInMVCCSnapshot(HeapTupleHeaderGetXmin(tuple),snapshot,
        ((tuple->t_infomask2 & HEAP_XMIN_DISTRIBUTED_SNAPSHOT_IGNORE) != 0),
        &setDistributedSnapshotIgnore);
if (setDistributedSnapshotIgnore)
{
        tuple->t_infomask2 |= HEAP_XMIN_DISTRIBUTED_SNAPSHOT_IGNORE;
        markDirty(buffer,relation,tuple,/* isXmin */ true);
}
if (inSnapshot)
        return false;
```

代码清单 6-46 所示函数的作用是判断事务标识是不是在快照里面。可以结合图 6-12 所示关于快照实时变化的三元组的概念来理解这段代码。

如代码清单 6-47 所示，通过事务标识的大小来判断当前的元组是不是在正在运行的事务中。如果返回 false，代表不是正在进行，经过其他情况再判断后，HeapTupleSatisfiesMVCC 函数返回 true，代表该元组对这个快照是可见的；如果返回 true，代表事务标识正在进行，而且没有提交，HeapTupleSatisfiesMVCC 函数直接返回 false，表示快照不可见。

代码清单 6-47 元组可见性判断的相关逻辑（二）

```
if (inSnapshot)
        return false;    /* 认为正在运行的事务涉及该元组 */
```

如代码清单 6-48 所示，进入 XidInMVCCSnapshot_Local 函数。

代码清单 6-48 元组可见性判断的相关逻辑（三）

```
DistributedSnapshotCommitted    distributedSnapshotCommitted;
if (snapshot->haveDistribSnapshot && !distributedSnapshotIgnore &&
            GpIdentity.segindex != MASTER_CONTENT_ID)
    {
            DistributedSnapshotCommitted    distributedSnapshotCommitted;
            distributedSnapshotCommitted =
                    DistributedSnapshotWithLocalMapping_CommittedTest(
                            &snapshot->distribSnapshotWithLocalMapping,
                            xid,false);
            switch (distributedSnapshotCommitted)
            {…}
    }
    return XidInMVCCSnapshot_Local(xid,snapshot);
```

通过观察发现，主要工作在代码清单 6-49 所示的函数里面进行。

代码清单 6-49 元组可见性判断的相关逻辑（四）

```
distributedSnapshotCommitted =
        DistributedSnapshotWithLocalMapping_CommittedTest(
                &snapshot->distribSnapshotWithLocalMapping,
                xid,false);
```

函数的返回值为 DISTRIBUTEDSNAPSHOT_COMMITTED_INPROGRESS，表示通过事务标识的大小判断当前的元组在正在运行的事务中，给上层调用返回 true，最后 HeapTupleSatisfiesMVCC 函数会返回 false；返回值为 DISTRIBUTEDSNAPSHOT_COMMITTED_VISIBLE，表示事务标识已经提交，所以给上层调用返回 false，最后 HeapTupleSatisfiesMVCC 函数会返回 true。

如代码清单 6-50 所示，进入函数 DistributedSnapshotWithLocalMapping_CommittedTest。

代码清单 6-50 元组可见性判断的相关逻辑（五）

```
DistributedSnapshotCommitted
DistributedSnapshotWithLocalMapping_CommittedTest(
        DistributedSnapshotWithLocalMapping    *dslm,
        TransactionId                          localXid,
        bool                                   isVacuumCheck)
```

总体来说，这个函数是在缓存或者分布式事务日志文件里面找分布式快照，然后判断 localXid 和对应的 distribXid 与当前快照的关系。

代码清单 6-51 所示函数是在缓存里找分布式快照，如果找不到就在磁盘文件里找，找到以后再将分布式快照加到缓存里。

代码清单 6-51　LocalDistribXactCache_CommittedFind 函数调用片段

```
if (LocalDistribXactCache_CommittedFind(localXid, ds->distribTransactionTimeStamp,
&distribXid))
```

分析代码清单 6-52 所示逻辑。如果 distribXid 小于 "ds->xmin"，代表 distribXid 在快照之前已提交，就要返回 DISTRIBUTEDSNAPSHOT_COMMITTED_VISIBLE；如果 distribXid 大于 "ds->xmax"，代表 distribXid 还没提交，就要返回 DISTRIBUTEDSNAPSHOT_COMMITTED_INPROGRESS。

代码清单 6-52　分布式快照和可见性判断的逻辑（一）

```
if (distribXid < ds->xmin)
        return DISTRIBUTEDSNAPSHOT_COMMITTED_VISIBLE;
if (distribXid > ds->xmax)
{
        elog((Debug_print_snapshot_dtm ? LOG : DEBUG5),
             "distributedsnapshot committed but invisible: "
             "distribXid %d dxmax %d dxmin %d distribSnapshotId %d",
             distribXid, ds->xmax,ds->xmin,ds->distribSnapshotId);
        return DISTRIBUTEDSNAPSHOT_COMMITTED_INPROGRESS;
}
```

如代码清单 6-53 所示，接下来的 for 循环判断 distribXid 是否落在 inProgressXidArray 里面，如果落在里面，就返回 DISTRIBUTEDSNAPSHOT_COMMITTED_INPROGRESS；如果没有落在里面，就返回 DISTRIBUTEDSNAPSHOT_COMMITTED_VISIBLE。

代码清单 6-53　分布式快照和可见性判断的逻辑（二）

```
for (i = 0; i < ds->count; i++)
  {
     if (distribXid == ds->inProgressXidArray[i])
     {
        ...
        return DISTRIBUTEDSNAPSHOT_COMMITTED_INPROGRESS;
     }
     if (distribXid < ds->inProgressXidArray[i])
                break;
  }
  return DISTRIBUTEDSNAPSHOT_COMMITTED_VISIBLE;
```

现在回到上一层的 XidInMVCCSnapshot 函数，如代码清单 6-54 所示。

代码清单 6-54　QD 节点分析本地快照

```
if (snapshot->haveDistribSnapshot && !distributedSnapshotIgnore &&
        GpIdentity.segindex != MASTER_CONTENT_ID)         }
```

如果不需要进入分布式快照内部分析可见性，比如在 master 实例上面存储的元数据，就直接进入 PostgreSQL 的 XidInMVCCSnapshot_Local 函数去分析。如代码清单 6-55 所示，到这里完全就是 PostgreSQL 的逻辑了。

代码清单 6-55　XidInMVCCSnapshot_Local 函数调用片段

```
return XidInMVCCSnapshot_Local(xid, snapshot);
```

6.5　共享内存

共享内存是 Linux 操作系统的基础设施，PostgreSQL 利用共享内存在进程间通信，Greenplum 借鉴该技术提供了更多的功能。本书所提到的 QE 内部的分布式快照信息的存储，以及全局分布式事务的操作，都依赖共享内存技术。共享内存的应用应该包含图 6-17 所示过程。

如图 6-18 所示，一个进程写数据，另一个进程读数据，写进共享内存的数据能被读进程读出来。

服务端需要在客户端启动之前启动。服务端的任务如下。
1）用关键字申请内存并返回标识，由系统调用 shmget() 完成。
2）将内存赋给服务端的地址空间，由系统调用 shmat() 完成。
3）初始化内存空间。
4）等待客户端操作完成。
5）分离共享内存，由系统调用 shmdt() 完成。
6）清除共享内存，由系统调用 shmctl() 完成。
客户端的任务如下。
1）用关键字申请内存，并保存共享内存标识。
2）将内存赋给客户端的地址空间。
3）使用内存。
4）分离所有共享内存。
5）退出。

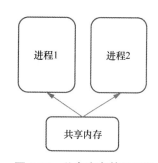

图 6-17　共享内存的创建和使用　　　　图 6-18　共享内存简易示意

如图 6-19 所示，Greenplum 实现了两种接口，即 win32 和 sysv。

如代码清单 6-56 所示，内存赋值的接口函数使用了 Linux 的系统调用。

```
[root@localhost src]# grep -rn "PGSharedMemoryCreate" .
./backend/storage/ipc/ipci.c:243:    seghdr = PGSharedMemoryCreate(size, makePrivate, port);
./backend/port/win32_shmem.c:108: * PGSharedMemoryCreate
./backend/port/win32_shmem.c:120:PGSharedMemoryCreate(Size size, bool makePrivate, int port)
./backend/port/sysv_shmem.c:327: * PGSharedMemoryCreate
./backend/port/sysv_shmem.c:345:PGSharedMemoryCreate(Size size, bool makePrivate, int port)
./backend/port/ipc_test.c:223:    storage = (MyStorage *) PGSharedMemoryCreate(8192, false, 5433);
./include/storage/pg_shmem.h:49:extern PGShmemHeader *PGSharedMemoryCreate(Size size, bool makePrivate,
```

图 6-19　共享内存相关的函数接口

代码清单 6-56　共享内存

```
static PGShmemHeader *
PGSharedMemoryAttach(IpcMemoryKey key,IpcMemoryId *shmid)
{
        PGShmemHeader *hdr;
        if ((*shmid = shmget(key, sizeof(PGShmemHeader),0)) < 0)
              return NULL;
        hdr = (PGShmemHeader *) shmat(*shmid,UsedShmemSegAddr,PG_SHMAT_FLAGS);
        if (hdr == (PGShmemHeader *) -1)
              return NULL;           /* 失败：属于另外的进程 */
        if (hdr->magic != PGShmemMagic)
        {
              shmdt((void *) hdr);
              return NULL;      /* segment 属于非 postgres 进程 */
        }
        return hdr;
}
```

6.6　哈希和重分布

哈希在 Greenplum 里非常重要，Redistribution Motion 在把数据分配到对应的 segment 实例上时，重度使用了哈希功能，所以这一节把它们放在一起介绍。

先介绍哈希在 Greenplum 的实现。Greenplum 使用的哈希算法叫作 "Fowler-Noll-Vo hash function"，属于非密码学哈希函数，最初由格伦·福勒（Glenn Fowler）和根-蓬·武（Kiem-Phong Vo）于 1991 年在 IEEE POSIX P1003.2 中提出，最后由朗东·库尔特·诺尔（Landon Curt Noll）完善，故该算法以 3 人姓氏的首字母命名。FNV 算法会在内存里按照字长和哈希值做异或运算。这个哈希算法号称是实现速度最快，而且冲突比较少的算法。

如代码清单 6-57 所示，以一个功能函数为例介绍哈希算法的执行过程。

代码清单 6-57　哈希算法接口函数调用片段

```
static void
directDispatchCalculateHash(Plan *plan, GpPolicy *targetPolicy)
{
```

```
        h = makeCdbHash(GpIdentity.numsegments);
        ...
        cdbhashinit(h);
        ...
        cdbhash(h,c->constvalue,typeIsArrayType(c->consttype) ? ANYARRAYOID : c->consttype);
        ...
        uint32 hashcode = cdbhashreduce(h);
        plan->directDispatch.contentIds = list_make1_int(hashcode );
}
```

代码清单 6-57 所示赋值的对象 directDispatch.contentIds 在后面的代码分析里常常会被提到。而 directDispatchCalculateHash 函数会在生成执行计划的过程中被调用，图 6-20 所示是调用栈。

```
(gdb) b directDispatchCalculateHash
Breakpoint 1 at 0xb322ba: file cdbmutate.c, line 151.
(gdb) c
Continuing.

Breakpoint 1, directDispatchCalculateHash (plan=0x1670238, targetPolicy=0x1670c80) at cdbmutate.c:151
151         CdbHash *h=NULL;
(gdb) bt
#0  directDispatchCalculateHash (plan=0x1670238, targetPolicy=0x1670c80) at cdbmutate.c:151
#1  0x0000000000b33813 in apply_motion (root=0x166fb88, plan=0x1670238, query=0x166f520) at cdbmutate.c:730
#2  0x0000000000b216c9 in cdbparallelize (root=0x166fb88, plan=0x1670238, query=0x166f520, cursorOptions=0,
    boundParams=0x0)
    at cdbllize.c:272
#3  0x0000000000825012 in standard_planner (parse=0x166f520, cursorOptions=0, boundParams=0x0) at planner.c:348
#4  0x000000000082499c in planner (parse=0x1610c30, cursorOptions=0, boundParams=0x0) at planner.c:163
#5  0x00000000008e8b79 in pg_plan_query (querytree=0x1610c30, cursorOptions=0, boundParams=0x0) at postgres.c:914
#6  0x00000000008e8ccb in pg_plan_queries (querytrees=0x1576410, cursorOptions=0, boundParams=0x0, needSnapshot=0 '\000')
    at postgres.c:991
#7  0x00000000008ea20e in exec_simple_query (query_string=0x160fc18 "insert into t2 values (10,100);", seqServerHost=0x0,
    seqServerPort=-1) at postgres.c:1704
#8  0x00000000008eef4f in PostgresMain (argc=1, argv=0x1572f40, dbname=0x1572d78 "postgres", username=0x1572d38 "gpadmin")
    at postgres.c:4975
#9  0x00000000008822e5 in BackendRun (port=0x15834a0) at postmaster.c:6732
#10 0x0000000000881971 in BackendStartup (port=0x15834a0) at postmaster.c:6406
#11 0x000000000087a7e1 in ServerLoop () at postmaster.c:2444
#12 0x00000000008790ea in PostmasterMain (argc=15, argv=0x154a0a0) at postmaster.c:1528
#13 0x0000000000791ba9 in main (argc=15, argv=0x154a0a0) at main.c:206
(gdb)
```

图 6-20　哈希算法使用场景

图 6-20 中执行的 SQL 语句是 "insert into t2 values (10,100);"。

程序的最终目的是把执行计划里 "plan->directDispatch.contentIds" 的数值计算出来，当前用的是 contentIds[0]。用它来指定当前的关系应该被插入哪个 segment 实例上。

函数内部调用哈希相关函数的过程是，首先在内存中创建数据结构，其次初始化素数等，然后做哈希，对得到的哈希值做取模操作，也就是按照 segment 实例的数量取模，最后得到结果。在 Greenplum 里所有和分布键相关的计算，都是按照这套算法流程计算出来的。

使用过 Greenplum 的读者应该都知道，每张表在创建的时候有一个 "DISTRIBUTED BY" 关键字，即 "[DISTRIBUTED BY(column,[…]) | DISTRIBUTED RANDOMLY]"，意思是表按照哪个分布键做哈希分布，每个 segment 实例存储不同的数据。如果想随机地存储数据，

则不指明存储的关键字，Greenplum 会按照随机的方式来存储。

图 6-21 中有两张表，t2 表是有分布键的，t6 表是随机存储的。插入数据后观察执行计划，这里没有用到高级优化器 Orca，而是用最普通的 Legacy 优化器，目的是把哈希以及 Redistribution Motion 介绍清楚。

```
postgres=# \d t2
        Table "public.t2"
 Column |  Type   | Modifiers
--------+---------+-----------
 id     | integer |
 num    | integer |
Distributed by: (id)

postgres=# explain analyze insert into t2 values (10,100);
                            QUERY PLAN
------------------------------------------------------------------
 Insert (slice0; segments: 1)  (rows=1 width=0)
   ->  Result  (cost=0.00..0.01 rows=1 width=0)
         Rows out:  1 rows with 0.020 ms to first row, 0.021 ms to end.
 Slice statistics:
   (slice0)    Executor memory: 59K bytes (seg2).
 Statement statistics:
   Memory used: 128000K bytes
 Optimizer status: legacy query optimizer
 Total runtime: 6.060 ms
(9 rows)

postgres=# \d t6
        Table "public.t6"
 Column |  Type   | Modifiers
--------+---------+-----------
 id     | integer |
Distributed randomly

postgres=# explain analyze insert into t6 values (10);
                            QUERY PLAN
------------------------------------------------------------------
 Insert (slice0; segments: 3)  (rows=1 width=0)
   ->  Redistribute Motion 3:3  (slice1; segments: 3)  (cost=0.00..0.01 rows=1 width=0)
         Rows out:  1 rows at destination (seg0) with 0.553 ms to first row, 0.554 ms to end.
         ->  Result  (cost=0.00..0.01 rows=1 width=0)
               Rows out:  1 rows (seg1) with 0.005 ms to end.
 Slice statistics:
   (slice0)    Executor memory: 140K bytes avg x 3 workers, 156K bytes max (seg0).
   (slice1)    Executor memory: 165K bytes avg x 3 workers, 165K bytes max (seg0).
 Statement statistics:
   Memory used: 128000K bytes
 Optimizer status: legacy query optimizer
 Total runtime: 5.688 ms
(12 rows)

postgres=# explain analyze insert into t6 values (generate_series(1,100));
                            QUERY PLAN
------------------------------------------------------------------
 Insert (slice0; segments: 3)  (rows=1 width=0)
   ->  Redistribute Motion 1:3  (slice1; segments: 1)  (cost=0.00..0.01 rows=1 width=0)
         Rows out:  Avg 33.3 rows x 3 workers at destination.  Max 37 rows (seg0) with 0.428 ms to first row, 0.438 ms to end.
         ->  Result  (cost=0.00..0.01 rows=1 width=0)
               Rows out:  100 rows with 0.021 ms to first row, 0.048 ms to end.
 Slice statistics:
   (slice0)    Executor memory: 145K bytes avg x 3 workers, 156K bytes max (seg1).
   (slice1)    Executor memory: 165K bytes (seg1).
 Statement statistics:
   Memory used: 128000K bytes
 Optimizer status: legacy query optimizer
 Total runtime: 5.815 ms
(12 rows)

postgres=#
```

图 6-21　哈希分布和随机分布的执行计划

对于有分布键的表，比如 t2，执行计划可以直接按照哈希值算出应该把数据存在哪个 segment 实例上，所以图 6-22 所示的执行计划就很清楚了。

```
Insert (slice0; segments: 1)  (rows=1 width=0)
    -> Result  (cost=0.00..0.01 rows=1 width=0)
            Rows out:  1 rows with 0.020 ms to first row, 0.021 ms to end.
```

图 6-22 哈希分布执行计划片段

与之对比的是随机分布的表。如图 6-23 所示，Greenplum 下发执行计划到每个 segment 实例上以后做了一次重分布。但这里的重分布又和常规的带有哈希的重分布不一样，这里具体分析。

```
Insert (slice0; segments: 3)  (rows=1 width=0)
    -> Redistribute Motion 3:3  (slice1; segments: 3)  (cost=0.00..0.01 rows=1 width=0)
        Rows out:  1 rows at destination (seg0) with 0.553 ms to first row, 0.554 ms to end.
        -> Result  (cost=0.00..0.01 rows=1 width=0)
                Rows out:  1 rows (seg1) with 0.005 ms to end.
```

图 6-23 随机分布执行计划片段

如代码清单 6-57 所示，前面一个执行计划带有 directDispatch 的属性，QD 做好计算以后就会分发执行计划到 segment 实例上。从代码清单 6-58 所示片段能清楚地看到，QD 在分发的时候会做判断，符合条件才分发，不符合条件就直接跳过。

代码清单 6-58 使用哈希算法的场景

```
static void
cdbdisp_dispatchTogang_async(struct CdbDispatcherState *ds,
                            struct gang *gp,
                            int sliceIndex,
                            CdbDispatchDirectDesc * dispDirect)
{
    int     i;
    CdbDispatchCmdAsync *pParms = (CdbDispatchCmdAsync*)ds->dispatchParams;
    for (i = 0; i < gp->size; i++)
    {
        CdbDispatchResult* qeResult;
        SegmentDatabaseDescriptor *segdbDesc = &gp->db_descriptors[i];
        Assert(segdbDesc != NULL);
        if (dispDirect->directed_dispatch)
        {
            Assert(dispDirect->count == 1);
            if (dispDirect->content[0] != segdbDesc->segindex)
                    continue;
        }
```

"dispDirect->content[0]" 就是产生执行计划时的 directDispatch.contentIds。这段代码的意思是，如果目前要发送的目标 segment 实例的标识（segdbDesc->segindex）和执行计划里的标识（directDispatch.contentIds）不相同就不发送，否则就发送。

由此，图 6-24 所示执行计划的执行过程就十分清楚了，定向发送，然后在指定的 segment 实例上面执行插入操作。

```
postgres=# \d t2
       Table "public.t2"
 Column |  Type   | Modifiers
--------+---------+-----------
 id     | integer |
 num    | integer |
Distributed by: (id)

postgres=# explain analyze insert into t2 values (10,100);
                            QUERY PLAN
-----------------------------------------------------------------------
 Insert (slice0; segments: 1)  (rows=1 width=0)
   ->  Result  (cost=0.00..0.01 rows=1 width=0)
         Rows out:  1 rows with 0.020 ms to first row, 0.021 ms to end.
 Slice statistics:
   (slice0)    Executor memory: 59K bytes (seg2).
 Statement statistics:
   Memory used: 128000K bytes
 Optimizer status: legacy query optimizer
 Total runtime: 6.060 ms
(9 rows)
```

图 6-24　哈希分布完整执行计划

图 6-25 所示的执行计划有两个 slice：slice0 表示要在特定 segment 实例上做插入操作；slice1 是一个 3∶3 的 Redistribution Motion。因为表本身没有分布键，也就是随机分布，所以 Legacy 优化器做出了图 6-25 所示的执行计划。这里先不评判该执行计划是优还是劣，重点关注这个执行计划是怎么执行的。

```
postgres=# \d t6
       Table "public.t6"
 Column |  Type   | Modifiers
--------+---------+-----------
 id     | integer |
Distributed randomly

postgres=# explain analyze insert into t6 values (10);
                                   QUERY PLAN
-----------------------------------------------------------------------------------
 Insert (slice0; segments: 3)  (rows=1 width=0)
   ->  Redistribute Motion 3:3  (slice1; segments: 3)  (cost=0.00..0.01 rows=1 width=0)
         Rows out:  1 rows at destination (seg0) with 0.553 ms to first row, 0.554 ms to end.
         ->  Result  (cost=0.00..0.01 rows=1 width=0)
               Rows out:  1 rows (seg1) with 0.005 ms to end.
 Slice statistics:
   (slice0)    Executor memory: 140K bytes avg x 3 workers, 156K bytes max (seg0).
   (slice1)    Executor memory: 165K bytes avg x 3 workers, 165K bytes max (seg0).
 Statement statistics:
   Memory used: 128000K bytes
 Optimizer status: legacy query optimizer
 Total runtime: 5.688 ms
(12 rows)
```

图 6-25　随机分布完整执行计划

作为 3 个 segment 实例的集群，执行计划会产生图 6-26 所示进程。

```
[root@localhost src]# ps -ef | grep post | grep idle
gpadmin  30346 31129  0 03:31 ?   00:00:00 postgres: 15432, gpadmin postgres [local] con20 cmd12 idle
gpadmin  30472 31033  0 03:33 ?   00:00:00 postgres: 25433, gpadmin postgres 127.0.0.1(17416) con20 seg1 idle
gpadmin  30473 31031  0 03:33 ?   00:00:00 postgres: 25432, gpadmin postgres 127.0.0.1(14362) con20 seg0 idle
gpadmin  30474 31030  0 03:33 ?   00:00:00 postgres: 25434, gpadmin postgres 127.0.0.1(11978) con20 seg2 idle
gpadmin  30478 31031  0 03:33 ?   00:00:00 postgres: 25432, gpadmin postgres 127.0.0.1(14368) con20 seg0 idle
gpadmin  30479 31033  0 03:33 ?   00:00:00 postgres: 25433, gpadmin postgres 127.0.0.1(17422) con20 seg1 idle
gpadmin  30480 31030  0 03:33 ?   00:00:00 postgres: 25434, gpadmin postgres 127.0.0.1(11984) con20 seg2 idle
```

图 6-26　执行过程的进程分布

第一个进程是 QD 进程，后面是 3 个 QE writer 和 3 个 QE reader，一共 7 个进程。QD

上面的执行计划会发送到 3 个 QE writer 上，因为执行计划有两个 slice，所以会再产生 3 个 QE reader。seg1 上面的 QE reader，应该就是 30479 这个进程。它会用 redistribution Motion 发送 value(10)出去。但不是给每个 Redistribution Motion 的 receiver 都发送数据，有的 receiver 收到的是一个空的头信息。只有 seg0 的 receiver 收到的是有 value(10)的数据，seg0 也就是这个 segment 实例的 QE writer。最后在 seg0 的 QE writer 上，value(10)被插入表里面。其他的两个 segment 实例上不会插入任何数据。

第 7 章

分布式存储的实现

7.1 Greenplum 数据的分布方式

Greenplum 属于 MPP 数据库，通过优化器产生的执行计划会被分发到每个 segment 实例上执行，每个 segment 实例上只存储了整个表的一部分数据。这一部分数据是按照怎样的逻辑分布的？在 Greenplum 6.0 以前，只有哈希分布和随机分布两种，Greenplum 6.0 加入了复制分布方式。

7.1.1 哈希分布

哈希分布按照分布键把数据分布到各个 segment 实例上，在建表的时候用"DISTRIBUTED BY(column[opclass], [...])"来标识按照分布键进行哈希分布。同时，分布键也会在优化器生成执行计划的时候使用。分布键可以使用多个字段，好的数据分配策略能让优化器生成高质量的执行计划，避免数据倾斜，最后实现高效的数据分析工作。

本书在 6.6 节已经介绍过 Greenplum 里使用的哈希算法——FNV 算法。Greenplum 里 FNV 算法的数据结构和函数如代码清单 7-1 和代码清单 7-2 所示。

Cdbhash.h 头文件里面有哈希计算相关的数据结构和接口函数。

代码清单 7-1 哈希分布数据结构（一）

```
typedef enum
{
        HASH_FNV_1 = 1,
        HASH_FNV_1A
} CdbHashAlg;
typedef enum
{
        REDUCE_LAZYMOD = 1,
        REDUCE_BITMASK
} CdbHashReduce;
typedef struct CdbHash
```

```
{
  uint32 hash;
  int    numsegs;
  CdbHashReduce reducealg;
  uint32 rrindex;
} CdbHash;
```

代码清单 7-2　哈希分布数据结构（二）

```
typedef void (*datumHashFunction)(void *clientData,void *buf,size_t len);
extern void hashDatum(Datum datum,Oid type,datumHashFunction hashFn,void *clientData);
extern void hashNullDatum(datumHashFunction hashFn, void *clientData);
extern CdbHash *makeCdbHash(int numsegs);
extern void cdbhashinit(CdbHash *h);
extern void cdbhash(CdbHash *h, Datum val, Oid typid);
extern void cdbhashnull(CdbHash *h);
extern void cdbhashnokey(CdbHash *h);
extern unsigned int cdbhashreduce(CdbHash *h);
```

7.1.2　随机分布

随机分布在建表的时候用"DISTRIBUTED RANDOMLY"来标识，数据插入时按照顺序循环插入 segment 实例。

Greenplum 随机分布还有一个技术点，就是关于 gpexpand 的实现过程使用了随机函数来实现一致性哈希算法，因为算法执行非常快所以取名跳跃性一致哈希（jump consistent hash）算法，最终完成在线 gpexpand 的实现。gpexpand 这个工具是用来做 Greenplum 集群扩容的。

关于 gpexpand 用一致性哈希算法来做改进是有历史背景的。在 Greenplum 6.0 以前，使用 gpexpand 时需要先增加计算节点，然后将哈希分布的表改成随机分布的表，重启数据库，将哈希分布重新添加回每个表，实现数据的重分布。这样的过程不太友好，而且在修改元数据表的时候容易出现瓶颈。Greenplum 针对这个情况实现了一致性哈希算法，这个算法的论文[1]"A Fast，Minimal Memory，Consistent Hash Algorithm"的作者是来自 Google 的约翰·兰平（John Lamping）和埃里克·维奇（Eric Veach），他们提出了一种用概率函数来计算一致性哈希的算法，该算法本身非常简单，如代码清单 7-3 所示。

代码清单 7-3　随机分布

```
static inline int32
jump_consistent_hash(uint64 key,int32 num_segments)
{
```

1　LAMPING J，VEACH E .A fast, minimal memory, consistent Hash algorithm[J].Computer Science, 2014. DOI:10.48550/arXiv.1406.2294.

```
    int64 b = -1;
    int64 j = 0;
    while (j < num_segments)
    {
        b = j;
        key = key * 2862933555777941757ULL + 1;
        j = (b + 1) * ((double)(1LL << 31) / (double)((key >> 33) + 1));
    }
    return b;
}
```

这一实现和论文中的实现基本一致。因为 Greenplum 的所有 segment 实例都是闭环的，每个元组应该存放在哪个 segment 实例上是由一致性哈希算法决定的。扩容以后 segment 实例的总数增加，闭环的总容量也增加，高效地计算出扩容以后元组应该存放在哪个 segment 实例上，就是用概率函数来实现一致性哈希算法的优势。有了这个算法之后，数据的重分布不再需要把分布策略从哈希分布改变成随机分布，而且不是所有的数据都需要重分布。

本节介绍了随机分布，还介绍了使用随机函数来做一致性哈希计算的 gpexpand 工具。

7.1.3 复制分布

复制分布是 Greenplum 6.0 版本加上的新功能，每个 segment 实例上都有表数据的完整副本，在建表的时候复制分布用 "DISTRIBUTED REPLICATED" 来标识。复制分布虽然有违 MPP 数据处理的基本原则，但是在有些特殊的场景下是有作用的。比如大表和小表做聚合操作时，如果小表用复制分布的方式建表，就能在 segment 实例内部做聚合，避免了小表数据的重新分发。用户自定义函数访问表数据被限制的问题，也能用复制分布来解决。

7.2 Greenplum 数据库的高可用性

数据库的高可用性是一个很宽泛的话题，包含很多方面。比如，用独立磁盘冗余阵列（redundant arrays of independent disks，RAID）做磁盘存储防止磁盘的单点故障、segment 实例做镜像防止 segment 实例单点故障、master 实例做镜像防止 master 实例单点故障、ftsprobe 进程检测 segment 实例的状态、主 segment 实例和镜像 segment 实例的主机分布策略等。

master 实例的镜像叫作 standby master 实例，平时的主要工作都由 master 实例完成，standby master 实例实时同步 master 实例的日志信息。同步操作是用不断地同步事务日志的方式来实现的，一旦 master 实例失效，需要系统管理员手动执行激活 standby master 实例的动作，完成切换。据说新版本的 Greenplum 加入了自动切换的功能，功能类似于 PostgreSQL 的 Auto Failover，它能监控 master 实例和 standby master 实例的状态，如果发现异常就进行自动切换。

主 segment 实例和镜像 segment 实例之间的同步也是通过同步事务日志的方式来实现的。最开始 Greenplum 创造了一种叫作 FileRep 的同步方式，FileRep 进程检测主 segment 实例文件系统的变化情况，通过文件块对镜像 segment 实例进行同步，后来也改成了基于事务日志的同步方式。在以前的 Greenplum 版本里，会看到 "FileRep" 字样的进程，现在它们都被 "WAL writer process" 字样的进程代替了。

7.3 heap 表和 AO 表

heap 表又叫堆表，和 PostgreSQL 的堆表是一样的。PostgreSQL 的堆表用来存储数据，索引表用来存储索引。堆表将单行数据记录存在一起。

AO 表即追加优化（append optimized）表，多用于压缩存储数据，通常只追加数据，少用于删除和更新数据。

堆表和行存适用于场景比较复杂的事务类型，AO 表和列存适用于数据分析型的 OLAP 类型的事务。除了堆表和 AO 表，Greenplum 还有一种 AOCO 表，即追加优化列存（append optimized column oriented）表，它采用列式压缩存储，适用于存储访问频率低且压缩级别要求高的数据。

Greenplum 的表可以按照分区，采用不同的存储策略存储数据，比如分区 1 使用堆表存储、分区 2 使用 AO 表、分区 3 使用 AOCO 表、分区 4 使用外部表。按照访问或者操作的频繁程度层层划分，用一张表来统一组织，如图 7-1 所示。

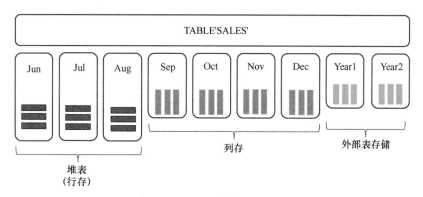

图 7-1 表结构

Greenplum 还支持对已经存在的分区的数据存储格式进行调整。图 7-2 展示了分区

sales_1_prt_1 被调整成 AO 表的操作。

```
CREATE TABLE jan12 (LIKE sales) WITH (appendonly=true);
INSERT INTO jan12 SELECT * FROM sales_1_prt_1 ;
ALTER TABLE sales EXCHANGE PARTITION FOR (DATE '2012-01-01')
WITH TABLE jan12;
```

图 7-2　多存储策略表的建表语句

7.4　外部表存储

Greenplum 作为数据库，很重要的一个功能就是从外部把数据加载到内部，供数据工程师分析处理。Greenplum 为此做了多种外部表功能，比如 pxf（platform extension framework，平台扩展架构）协议的外部表、gphdfs（Greenplum HDFS）协议的外部表、S3 协议的外部表等。同时还开发了很多连接器，可以从很多数据平台加载数据，比如 Kafka、Spark、GemFire 等。

外部表里最具特色的是使用 gpfdist 协议的外部表。Greenplum 是 MPP 数据库，MPP 是 "massively parallel processing" 的缩写，翻译成中文叫作大规模并行处理。gpfdist 协议的核心思想也是 MPP，用 gpfdist 协议的外部表加载数据时，每个 segment 实例各自向 gpfdist 服务端发出请求，gpfdist 服务端会将文件按照一定的规则分割、处理（比如压缩），然后并行地发送给各个 segment 实例。实例拿到数据后，经过简单解析（比如解压缩），再发送给执行计划上层的节点。按照这样的逻辑，gpfdist 协议的外部表的数据加载应该是最快的，因为理论上能使用到 Greenplum 数据库中最多的硬件资源。只要网速有保证，gpfdist 服务端没有"瓶颈"，数据加载会非常快。

笔者在分析 gpfdist 协议后，开发出了高并发的服务端程序 Lotus。该程序使用 zstd 压缩算法对数据进行压缩后传输，其速度突破了硬件网络接口卡（简称网卡）的极限速度，是裸数据在网卡上传输速度的 3 倍。

本节会先介绍 Libcurl 库函数，因为 Greenplum 作为 gpfdist 的客户端程序，广泛并深入地使用了 Libcurl 库函数；接着介绍 gpfdist 协议，gpfdist 协议是基于 HTTP 1.1 的应用层协议；随后介绍 Greenplum QE 的函数调用栈和 Scan 算子，Scan 算子作为数据输入的基础算子，在 gpfdist 协议的外部表接入中录入数据；然后将整个调用过程串起来介绍，以体现数据流向的脉络；最后介绍 gpfdist 服务端的逻辑。为了实现 gpfdist 协议的外部表数据加载，Greenplum 团队开发了 gpfdist 服务端的程序。这里只介绍大致的架构和对比。在阅读本节内容之前，读者需要对如何使用 gpfdist 和 Greenplum 外部表有一定的了解。创建外部表如图 7-3 所示。

```
=# CREATE EXTERNAL TABLE ext_expenses ( name text,
     date date, amount float4, category text, desc1 text )
     LOCATION ('gpfdist://etlhost-1:8081/*')
FORMAT 'TEXT' (DELIMITER '|');
```

图 7-3　创建外部表语句示例

7.4.1　Libcurl 库函数

外部表在 Greenplum 代码层面大概被划分成 4 类，这 4 类和之前介绍的 pxf、S3 分类不一样。简单来说可以总结成图 7-4 所示的情况。

```
//* 外部的资源的类型
 * 1）本地文件
 * 2）远程 http 服务器
 * 3）远程 gpfdist 服务器
 * 4）可执行的命令
 */
```

图 7-4　外部表资源类型

如代码清单 7-4 和代码清单 7-5 所示，从头文件里面可以看出，外部表有 4 种类型。

代码清单 7-4　外部表类型

```
enum fcurl_type_e
{
    CFTYPE_NONE = 0,
    CFTYPE_FILE = 1,
    CFTYPE_CURL = 2,
    CFTYPE_EXEC = 3,
    CFTYPE_CUSTOM = 4
};
```

代码清单 7-5　外部表操作接口函数清单

```
extern URL_FILE *url_curl_fopen(char *url,bool forwrite,extvar_t *ev, CopyState pstate);
extern void url_curl_fclose(URL_FILE *file,bool failOnError,const char *relname);
extern bool url_curl_feof(URL_FILE *file,int bytesread);
extern bool url_curl_ferror(URL_FILE *file,int bytesread,char *ebuf,int ebuflen);
extern size_t url_curl_fread(void *ptr,size_t size,URL_FILE *file,CopyState pstate);
extern size_t url_curl_fwrite(void *ptr,size_t size,URL_FILE *file,CopyState pstate);
extern void url_curl_fflush(URL_FILE *file,CopyState pstate);
```

这一节要介绍的内容就和以 "url_curl_" 为前缀的函数相关。

如代码清单 7-6 所示，举一个简单例子来说明 Libcurl 是怎么使用的，该例子来自 Libcurl 的官网。

代码清单 7-6　Libcurl 库函数使用示例

```
int main(void)
{
  CURL *curl;
  CURLcode res;
  curl = curl_easy_init();
  if(curl) {
    curl_easy_setopt(curl,CURLOPT_URL,"https://example.com");
    curl_easy_setopt(curl,CURLOPT_FOLLOWLOCATION, 1L);
    res = curl_easy_perform(curl);
    if(res != CURLE_OK)
      fprintf(stderr,"curl_easy_perform() failed: %s\n",
          curl_easy_strerror(res));
    curl_easy_cleanup(curl);
  }
  return 0;
}
```

在代码清单 7-6 所示的例子里，能看到 4 个明显的库函数调用。Libcurl 库函数如代码清单 7-7 所示。

代码清单 7-7　Libcurl 库函数

```
curl_easy_init
curl_easy_setopt
curl_easy_perform
curl_easy_cleanup
```

首先调用第一个函数做运行前初始化工作，然后调用第二个函数进行网络参数配置，接着调用第三个函数执行具体的操作，最后调用第四个函数进行内存清理工作。Greenplum 也使用这 4 个函数，只是把它们放在 Scan 算子的不同逻辑模块里使用。除此以外，为了增强性能，如代码清单 7-8 所示，Greenplum 还增加了与多路复用相关的函数调用。

代码清单 7-8　Libcurl 库函数多路复用模式

```
curl_multi_init
curl_multi_fdset
curl_multi_add_handle
curl_multi_perform
curl_multi_remove_handle
curl_multi_cleanup
```

Libcurl 的官网有多路复用相关的代码例子，后续的分析不会深入 Libcurl 库函数的内部。

7.4.2　外部表协议 gpfdist

gpfdist 协议是 Greenplum 设计并实现的外部表协议，到现在有两代协议，即 Protocol0

和 Protocol1。Protocol0 协议是一个 HTTP request 对应一个 HTTP response 的协议，效率较低，而且因为没有像 Protocol1 协议一样设计子协议，所以在交互的时候不能把错误信息及时地传递到 Greenplum 的 gpfdist 客户端。种种因素导致 Protocol0 协议现在被废弃。

如图 7-5 所示，Protocol1 协议里 segment 实例发送 HTTP GET 请求给 gpfdist 服务端，服务端先回复一个 HTTP/1.1 200，然后开始传输数据。数据是有小协议的，用 "F" "O" "L" "D" 来做帧头，帧头后面跟着负载的长度和负载本身。

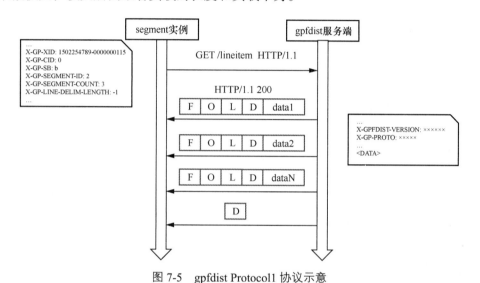

图 7-5　gpfdist Protocol1 协议示意

表 7-1 所示是帧的结构，表 7-2 所示是帧的类型。

表 7-1　gpfdist 帧的结构

类型	长度
消息类型	1 B
内容长度	4 B
消息内容	数据本身，长度单位为 B

表 7-2　gpfdist 帧的类型

帧类型	帧类型全名	帧内容
F	filename	文件名
O	offset	文件中的偏移量
D	data	数据
E	error	错误信息
L	line number	行数

有了帧结构，再看数据报的传输情况。如表 7-3 所示，如果没有数据传输，gpfdist 服务端要发送一个空包，数据长度为 0 的 D 帧用于关闭连接。如果有错误，gpfdsit 服务端要发送一个 E 帧，并包含错误信息。所以如果是常规的数据，传输顺序就是 F 帧、O 帧、L 帧、D 帧。

表 7-3　gpfdist 数据报常规范例

用途	传输帧类型
传输数据	F、O、L、D
传输结束	长度为 0 的 D 帧
传输错误	E

7.4.3　Scan 算子和 gpfdist 客户端

本书前面的章节介绍过运行执行器的相关逻辑，介绍内容主要围绕着 QE 如何配合 QD 完成分布式事务。本节从另外一个角度来介绍运行执行器和相关的 Scan 算子。PostgreSQL/Greenplum 的一个执行计划里的节点可分为 4 类，分别是控制节点（control node）、扫描节点（scan node）、物化节点（materialization node）、连接节点（join node）。执行计划的子类节点通过 lefttree 和 righttree 字段构成了执行计划树，根节点指针被保存在 PlannedStmt 类型的数据结构中，包含语句的类型（commandType）、执行计划树根节点（planTree）、查询涉及的范围表（rtable）、结果关系表（resultRelation）。PlannedStmt 结构则被放在 QueryDesc 中，QueryDesc 结构的基本定义如图 7-6 所示。

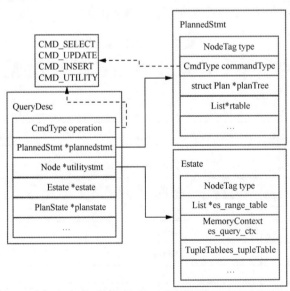

图 7-6　QueryDesc 结构体

从 QD 节点传过来的执行计划里的重要数据结构为 "QueryDesc→PlannedStmt→planTree"，planTree 有左子树和右子树，每个左子树和右子树又是新的 planTree 结构。图 7-7 所示为执行计划树。

当然 commandType 也可能是一个 Scan 算子类型。Scan 算子类型也是多种多样的，图 7-8 所示是头文件里面的 Scan 算子类型。

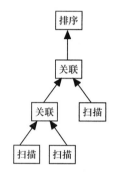

```
T_SeqScanState,
T_AppendOnlyScanState,
T_AOCSScanState,
T_TableScanState,
T_DynamicTableScanState,
T_ExternalScanState,
T_IndexScanState,
T_DynamicIndexScanState,
T_BitmapIndexScanState,
T_BitmapHeapScanState,
T_BitmapAppendOnlyScanState,
T_BitmapTableScanState,
T_TidScanState,
T_SubqueryScanState,
T_FunctionScanState,
T_TableFunctionState,
T_ValuesScanState,
T_CteScanState,
T_WorkTableScanState,
```

图 7-7　执行计划树示意　　　　图 7-8　Scan 算子类型

众多的 Scan 算子类型中，重点要介绍的是和外部表相关的 T_ExternalScanState 的逻辑。如图 7-9 所示，从左到右是函数的调用过程。每一层都有对应的函数族，最后调用到 Libcurl 的 API 函数，完成数据的读入或者写出工作。

ExecutorStart	InitPlan construct EState	ExecInitNode	ExecInitMotion	ExecInitExternalScan	external_beginscan		
ExecutorRun	ExecutePlan	ExecProcNode	ExecMotion	ExecExternalScan	external_getnext url_fopen url_fread url_feof url_fwrite	curl_easy_init curl_easy_setopt curl_easy_perform curl_multi_init select	curl_multi_cleanup curl_multi_add_handle curl_multi_perform curl_multi_fdset
ExecutorEnd	ExecEndPlan de-construct EState	ExecEndNode	ExecEndMotion	ExecEndExternalScan	external_endscan url_fclose	curl_easy_setopt curl_easy_perform curl_multi_remove_handle	curl_easy_cleanup
执行器	执行计划	执行节点	Motion 操作	适配层	具体执行载体	Libcurl API	

图 7-9　T_ExternalScanState 类型 Scan 算子函数调用关系

表 7-4 所示是相关的代码文件。

表 7-4 Scan 算子源码功能

源码	功能
fileam.c	外部表模块最上层的接口函数，负责传递上层的函数调用，并把底层的数据块解析成元组回传给上层
url.c	几个具体功能模块的总接口，供上层的调用，比如 fileam.c
url_curl.c	负责 gpfdist 协议/HTTP 的具体功能实现
url_execute.c	负责 EXECUTE 命令的具体功能实现
url_file.c	负责 file 协议的具体功能实现
url_custom.c	负责用户自定义协议的具体功能实现

总体来说代码的结构层次清楚，这样的层次也一样使用在其他类型的存储 Scan 算子里面。比如 AO 表、位图索引、堆表、索引、B 树等 Scan 算子，每种算子会按自己的协议和格式读取数据，然后封装，给上层提供数据。

为方便了解函数的调用过程，这里简单生成了一个 gpfdist 协议的外部表，然后在 QE 里面查看函数调用栈。分别在 external_beginscan、external_getnext 和 external_endscan 这 3 个典型函数上加断点，如图 7-10、图 7-11、图 7-12 所示。

```
Breakpoint 3, external_beginscan (relation=0x7f87e0483908, scanrelid=1, scancounter=18, uriList=0x24f5eb0,
    fmtOpts=0x24f61e0, fmtType=99 'c', isMasterOnly=0 '\000', rejLimit=-1, rejLimitInRows=0 '\000', fmterrtbl=0,
    encoding=6) at fileam.c:127
127         TupleDesc    tupDesc = NULL;
(gdb) bt
#0  external_beginscan (relation=0x7f87e0483908, scanrelid=1, scancounter=18, uriList=0x24f5eb0, fmtOpts=0x24f61e0,
    fmtType=99 'c', isMasterOnly=0 '\000', rejLimit=-1, rejLimitInRows=0 '\000', fmterrtbl=0, encoding=6) at
    fileam.c:127
#1  0x000000000073ac3c in ExecInitExternalScan (node=0x24f5a08, estate=0x257d068, eflags=0) at
    nodeExternalscan.c:261
#2  0x00000000006fade0 in ExecInitNode (node=0x24f5a08, estate=0x257d068, eflags=0) at execProcnode.c:428
#3  0x00000000073de59 in ExecInitMotion (node=0x24f5680, estate=0x257d068, eflags=0) at nodeMotion.c:990
#4  0x00000000006fb8f2 in ExecInitNode (node=0x24f5680, estate=0x257d068, eflags=0) at execProcnode.c:722
#5  0x00000000006f34d1 in InitPlan (queryDesc=0x24078b8, eflags=0) at execMain.c:1950
#6  0x00000000006f0df2 in ExecutorStart (queryDesc=0x24078b8, eflags=0) at execMain.c:557
#7  0x00000000008f1906 in PortalStart (portal=0x24fd6a8, params=0x0, snapshot=0x0, seqServerHost=0x23fb0e6
    "127.0.0.1",
    seqServerPort=52148, ddesc=0x24f6820) at pquery.c:738
#8  0x0000000000008e96e0 in exec_mpp_query (query_string=0x23faf56 "select * from ext_t1;", serializedQuerytree=0x0,
    serializedQuerytreelen=0, serializedPlantree=0x23faf6c "\217\002", serializedPlantreelen=258,
    serializedParams=0x0,
    serializedParamslen=0, serializedQueryDispatchDesc=0x23fb06e <incomplete sequence \332>,
    serializedQueryDispatchDesclen=120, seqServerHost=0x23fb0e6 "127.0.0.1", seqServerPort=52148, localSlice=1)
    at postgres.c:1327
#9  0x00000000008ef718 in PostgresMain (argc=1, argv=0x24014a8, dbname=0x2401408 "postgres", username=0x24013c8
    "gpadmin")
    at postgres.c:5159
#10 0x0000000000882323 in BackendRun (port=0x24118e0) at postmaster.c:6733
#11 0x00000000008819af in BackendStartup (port=0x24118e0) at postmaster.c:6407
#12 0x000000000087a7e1 in ServerLoop () at postmaster.c:2444
#13 0x00000000008790ea in PostmasterMain (argc=12, argv=0x23d85a0) at postmaster.c:1528
#14 0x00000000000791ba9 in main (argc=12, argv=0x23d85a0) at main.c:206
(gdb) c
Continuing.
```

图 7-10 external_beginscan 函数调用关系示意

7.4 外部表存储

```
Breakpoint 4, external_getnext (scan=0x257eb38, direction=ForwardScanDirection, desc=0x2577178) at fileam.c:483
483             if (scan->fs_noop)
(gdb) bt
#0  external_getnext (scan=0x257eb38, direction=ForwardScanDirection, desc=0x2577178) at fileam.c:483
#1  0x000000000073a85e in ExternalNext (node=0x257e1b8) at nodeExternalscan.c:138
#2  0x000000000070bb92 in ExecScan (node=0x257e1b8, accessMtd=0x73a7cc <ExternalNext>) at execScan.c:102
#3  0x000000000073a990 in ExecExternalScan (node=0x257e1b8) at nodeExternalscan.c:200
#4  0x00000000006fc21b in ExecProcNode (node=0x257e1b8) at execProcnode.c:960
#5  0x000000000073c98d in execMotionSender (node=0x257da78) at nodeMotion.c:307
#6  0x000000000073c87b in ExecMotion (node=0x257da78) at nodeMotion.c:274
#7  0x00000000006fc3fe in ExecProcNode (node=0x257da78) at execProcnode.c:1060
#8  0x00000000006f5105 in ExecutePlan (estate=0x257d068, planstate=0x257da78, operation=CMD_SELECT, numberTuples=0,
    direction=ForwardScanDirection, dest=0x24f7090) at execMain.c:2900
#9  0x00000000006f1794 in ExecutorRun (queryDesc=0x24078b8, direction=ForwardScanDirection, count=0) at
execMain.c:896
#10 0x00000000008f23f2 in PortalRunSelect (portal=0x24fd6a8, forward=1 '\001', count=0, dest=0x24f7090) at
pquery.c:1164
#11 0x00000000008f1fec in PortalRun (portal=0x24fd6a8, count=9223372036854775807, isTopLevel=1 '\001',
dest=0x24f7090,
    altdest=0x24f7090, completionTag=0x7ffdc54e2c80 "") at pquery.c:985
#12 0x00000000008e9767 in exec_mpp_query (query_string=0x23faf56 "select * from ext_t1;", serializedQuerytree=0x0,
    serializedQuerytreelen=0, serializedPlantree=0x23faf6c "\217\002", serializedPlantreelen=258,
    serializedParams=0x0,
    serializedParamslen=0, serializedQueryDispatchDesc=0x23fb06e <incomplete sequence \332>,
    serializedQueryDispatchDesclen=120, seqServerHost=0x23fb0e6 "127.0.0.1", seqServerPort=52148, localSlice=1)
    at postgres.c:1349
#13 0x00000000008ef718 in PostgresMain (argc=1, argv=0x24014a8, dbname=0x2401408 "postgres", username=0x24013c8
"gpadmin")
    at postgres.c:5159
#14 0x0000000000882323 in BackendRun (port=0x24118e0) at postmaster.c:6733
#15 0x0000000000881 9af in BackendStartup (port=0x24118e0) at postmaster.c:6407
#16 0x000000000087a7e1 in ServerLoop () at postmaster.c:2444
#17 0x00000000008790ea in PostmasterMain (argc=12, argv=0x23d85a0) at postmaster.c:1528
#18 0x0000000000791ba9 in main (argc=12, argv=0x23d85a0) at main.c:206
(gdb) c
Continuing.
```

图 7-11 external_getnext 函数调用关系示意

```
Breakpoint 2, external_endscan (scan=0x257eb38) at fileam.c:320
320             char       *relname = pstrdup(RelationGetRelationName(scan->fs_rd));
(gdb) bt
#0  external_endscan (scan=0x257eb38) at fileam.c:320
#1  0x000000000073afdb in ExecEagerFreeExternalScan (node=0x257e1b8) at nodeExternalscan.c:418
#2  0x000000000073ad4e in ExecEndExternalScan (node=0x257e1b8) at nodeExternalscan.c:325
#3  0x00000000006fd1a1 in ExecEndNode (node=0x257e1b8) at execProcnode.c:1579
#4  0x000000000073e16b in ExecEndMotion (node=0x257da78) at nodeMotion.c:1124
#5  0x00000000006fd339 in ExecEndNode (node=0x257da78) at execProcnode.c:1684
#6  0x00000000006f48f9 in ExecEndPlan (planstate=0x257da78, estate=0x257d068) at execMain.c:2627
#7  0x00000000006f1c17 in ExecutorEnd (queryDesc=0x24078b8) at execMain.c:1075
#8  0x0000000000681656 in PortalCleanup (portal=0x24fd6a8) at portalcmds.c:323
#9  0x0000000000a5ec68 in PortalDrop (portal=0x24fd6a8, isTopCommit=0 '\000') at portalmem.c:455
#10 0x00000000008e9792 in exec_mpp_query (query_string=0x23faf56 "select * from ext_t1;", serializedQuerytree=0x0,
    serializedQuerytreelen=0, serializedPlantree=0x23faf6c "\217\002", serializedPlantreelen=258,
    serializedParams=0x0,
    serializedParamslen=0, serializedQueryDispatchDesc=0x23fb06e <incomplete sequence \332>,
    serializedQueryDispatchDesclen=120, seqServerHost=0x23fb0e6 "127.0.0.1", seqServerPort=52148, localSlice=1)
    at postgres.c:1358
#11 0x00000000008ef718 in PostgresMain (argc=1, argv=0x24014a8, dbname=0x2401408 "postgres", username=0x24013c8
"gpadmin")
    at postgres.c:5159
#12 0x0000000000882323 in BackendRun (port=0x24118e0) at postmaster.c:6733
#13 0x000000000088819af in BackendStartup (port=0x24118e0) at postmaster.c:6407
#14 0x000000000087a7e1 in ServerLoop () at postmaster.c:2444
#15 0x00000000008790ea in PostmasterMain (argc=12, argv=0x23d85a0) at postmaster.c:1528
#16 0x0000000000791ba9 in main (argc=12, argv=0x23d85a0) at main.c:206
(gdb) c
Continuing.
```

图 7-12 external_endscan 函数调用关系示意

最后介绍两个重要的函数。一个是 open_external_readable_source，如代码清单 7-9 所示。另一个是 gp_proto1_read 函数，它是解析 gpfdist 协议的重要函数。

代码清单 7-9　open_external_readable_source 函数

```
static void
open_external_readable_source(FileScanDesc scan, ExternalSelectDesc desc)
```

```
{
        extvar_t        extvar;
        ...
        scan->fs_file = url_fopen(scan->fs_uri,
                                   false /* for read */,&extvar,
                                   scan->fs_pstate,desc);
}
```

open_external_readable_source 函数在这里被调用,如代码清单 7-10 所示。

代码清单 7-10　open_external_readable_source 函数调用片段

```
if (!scan->fs_file)
    open_external_readable_source(scan, desc);
```

回到之前的函数体,open_external_readable_source 函数把 Libcurl 初始化后得到的内存指针返回给了"scan->fs_file",这样就可以把 Libcurl 和 Greenplum 的 Scan 算子联系起来。在后面通过 Greenplum 的上层逻辑调用 Scan 算子的时候,就可以读取"scan->fs_file",最后操作 Libcurl 里面的内存资源。

另外一个重要的函数叫作 gp_proto1_read,图 7-13 所示是相关函数调用栈,gp_proto1_read 函数使用 Protocol1 协议进行数据读取。

```
Breakpoint 2, fill_buffer (curl=0x253ad68, want=5) at url_curl.c:714
714     int     maxfd = 0;
(gdb) bt
#0  fill_buffer (curl=0x253ad68, want=5) at url_curl.c:714
#1  0x000000000053813c in gp_proto1_read (buf=0x253b0f1 ' ' <repeats 200 times>..., bufsz=65536, file=0x253ad68,
    pstate=0x253af98, buf2=0x253b0f1 ' ' <repeats 200 times>...) at url_curl.c:1527
#2  0x00000000000538db8 in curl_fread (buf=0x253b0f1 ' ' <repeats 200 times>..., bufsz=65536, file=0x253ad68,
    pstate=0x253af98) at url_curl.c:1761
#3  0x000000000053900e in url_curl_fread (ptr=0x253b0f1, size=65536, file=0x253ad68, pstate=0x253af98) at url_curl.c:1825
#4  0x00000000000534070 in url_fread (ptr=0x253b0f1, size=65536, file=0x253ad68, pstate=0x253af98) at url.c:153
#5  0x00000000000531cf2 in external_getdata (extfile=0x253af98, pstate=0x253af98, maxread=65536) at fileam.c:1663
#6  0x00000000000530425 in externalgettup_defined (scan=0x2515f68) at fileam.c:956
#7  0x00000000000530da1 in externalgettup (scan=0x2515f68, dir=ForwardScanDirection) at fileam.c:1240
#8  0x00000000000052f326 in external_getnext (scan=0x2515f68, direction=ForwardScanDirection, desc=0x2539bb8) at fileam.c:504
#9  0x000000000073a85e in ExternalNext (node=0x25154d8) at nodeExternalscan.c:138
#10 0x000000000070bb92 in ExecScan (node=0x25154d8, accessMtd=0x73a7cc <ExternalNext>) at execScan.c:102
#11 0x000000000073aa990 in ExecExternalScan (node=0x25154d8) at nodeExternalscan.c:200
#12 0x00000000006fc21b in ExecProcNode (node=0x25154d8) at execProcnode.c:960
#13 0x00000000073c98d in execMotionSender (node=0x2514e50) at nodeMotion.c:307
#14 0x00000000073c87b in ExecMotion (node=0x2514e50) at nodeMotion.c:274
#15 0x00000000006fc3fe in ExecProcNode (node=0x2514e50) at execProcnode.c:1060
#16 0x00000000006f5105 in ExecutePlan (estate=0x2514218, planstate=0x2514e50, operation=CMD_SELECT, numberTuples=0,
    direction=ForwardScanDirection, dest=0x240e470) at execMain.c:2900
#17 0x00000000006f1794 in ExecutorRun (queryDesc=0x24077e8, direction=ForwardScanDirection, count=0) at execMain.c:896
#18 0x00000000008f23f2 in PortalRunSelect (portal=0x25121f8, forward=1 '\001', count=0, dest=0x240e470) at pquery.c:1164
#19 0x00000000008f1fec in PortalRun (portal=0x25121f8, count=9223372036854775807, isTopLevel=1 '\001', dest=0x240e470,
    altdest=0x240e470, completionTag=0x7ffdc54e2c80 "") at pquery.c:985
#20 0x00000000008e9767 in exec_mpp_query (query_string=0x23faf56 "select * from ext_t1;", serializedQuerytree=0x0,
    serializedQuerytreelen=0, serializedPlantree=0x23faf6c "\217\002", serializedPlantreelen=255, serializedParams=0x0,
    serializedParamslen=0, serializedQueryDispatchDesc=0x23fb06b <incomplete sequence \332>,
    serializedQueryDispatchDesclen=118, seqServerHost=0x23fb0e1 "127.0.0.1", seqServerPort=31301, localSlice=1)
    at postgres.c:1349
#21 0x00000000008ef718 in PostgresMain (argc=1, argv=0x24014a8, dbname=0x2401408 "postgres", username=0x24013c8 "gpadmin")
    at postgres.c:5159
#22 0x0000000000882323 in BackendRun (port=0x24118e0) at postmaster.c:6733
#23 0x00000000008819af in BackendStartup (port=0x24118e0) at postmaster.c:6407
#24 0x000000000087a7e1 in ServerLoop () at postmaster.c:2444
#25 0x00000000008790ea in PostmasterMain (argc=12, argv=0x23d85a0) at postmaster.c:1528
#26 0x0000000000791ba9 in main (argc=12, argv=0x23d85a0) at main.c:206
```

图 7-13　gp_proto1_read 函数调用关系

后面的内容会列出 gp_proto1_read 的重要代码片段，函数操作包括解析协议、读取数据、解析数据、发送 HTTP 返回值。其中读取数据是用 fill_buffer 函数实现的。观察 fill_buffer 函数的两个参数（curl = 0x253ad68，want = 5），其中一个是 Libcurl 的内存数据指针。

如代码清单 7-11 所示，gp_proto1_read 会重复地调用 fill_buffer，从 gpfdist 服务端读取数据，直到读取完毕。之后 fill_buffer 函数退出，回到 gp_proto1_read 函数开始解析数据，或者返回数据给上层函数。

代码清单 7-11　gp_proto1_read 函数片段

```
static size_t
gp_proto1_read(char *buf,int bufsz,URL_CURL_FILE *file,CopyState pstate,char *buf2)
{
        char type;
        int  n,len;
        while (file->block.datalen == 0 && !file->eof)
        {
                /* need 5 bytes,1 byte type + 4 bytes length */
                fill_buffer(file,5);
                ...
                if (type == 'E') { ... }
                if (type == 'F') { ... }
                if (type == 'O') { ... }
                if (type == 'L') { ... }
                if (type == 'D') { ... }
        }
        fill_buffer(file,bufsz);
        ...
}
```

7.4.4　gpfdist 服务端

1．服务端简介

gpfdist 服务端在逻辑上是一个高并发 HTTP 服务器，所有 Greenplum 集群的 segment 实例都是这个高并发服务端的客户端。psql 发出 select 命令后，所有的 segment 实例都同时向服务端发送 HTTP 请求。服务端将文件分割（按照行分割或者按照特定的分隔符分割）后，将不同的文件片段发送给不同的客户端。客户端在收到文件片段后，将其解析成单行的元组数据，发送给上层使用。

gpfdist 服务端在具体实现上并没有完全实现高并发的架构。笔者通过分析 gpfdist 服务端的程序代码，发现 gpfdist 程序是按照单线程而不是按照高并发的框架设计的。但是好在 gpfdist 使用了 libevent 作为底层的库函数，libevent 是主流的高并发库函数，而且一直在进步。

Greenplum 为并发设计了一种使用方式,即给每个 gpfdist 服务端分配一块网卡。先将文件分割成很多块,然后启动多个 gpfdist 进程,用多进程的方式来解决并发不足的问题。

如图 7-14 右侧所示,文件被分成了两部分,启动两个 gpfdist 进程分别对应这两部分文件。

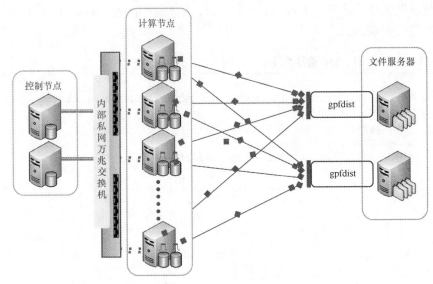

图 7-14 gpfdist 服务端

2. Lotus

笔者参考 gpfdist 协议开发了 Lotus。Lotus 使用了高并发多线程架构,如图 7-15 所示。Lotus 和 gpfdist 服务端都使用 libevent 作为底层库函数。

1. Preactor 模式
2. 基于 Libevent 函数库
3. 可配置的线程库和内存库
4. 用零拷贝进行数据传输(可选)
5. 用 C++/C 编写
6. 实现了 gpfdist 协议,和 Greenplum 数据库兼容
7. 使用 ZSTD 库函数进行数据压缩传输,能超过物理网卡极限。

图 7-15 Lotus 的功能特点

图 7-16 所示是对 gpfdist 服务端和 Lotus 做比较的一些测试数据。

服务端	时间	segment数量	记录的数据数量	记录的数据大小
gpfdist 服务端	24s	192	300303000	37GB
Lotus	16.85s	192	300303000	37GB

图 7-16 gpfdist 服务端和 Lotus 的压力测试

图 7-16 所示数据是在 10000Gbit/s 网卡上测试的，同时还有两个 1000Gbit/s 的网卡。Lotus 监听 0.0.0.0，然后使用了所有的网卡。能看到时间消耗上还是不一样的。所以 Lotus 作为服务器可以自动地用上所有网卡资源，而不用像 gpfdist 一样去手动分割文件、绑定网卡等。

为了进一步提高性能，笔者加入数据压缩传输操作，压缩算法是 zstd。传输前将数据压缩，Greenplum 的客户端收到数据以后对数据进行解压。通过这个过程，数据传输速度突破了网卡的物理极限传输速度。

一个 10000Gbit/s 网卡的极限传输速度大概是 1200MB/s，如果有 11GB 的数据，大概 9.45s 的时间就可以传输完毕。那么加上 zstd 的 Lotus 速度是多少呢？图 7-17 所示是按照上述条件测试出来的数据。

服务端	时间	segment数量	记录的数据数量	记录的数据大小
Lotus	3.1825s	64	89000000	11GB

图 7-17 使用 zstd 的压力测试

所以数据传输加上 zstd 压缩和解压后，传输速度提高非常明显。

MPP 类型的数据加载方式还有很多可以优化的方向，比如可以用更先进的网络协议来改进 gpfdist。比如 HTTP/2 或者基于 QUIC 的 HTTP/3，这些协议自带了压缩功能，还对多路复用的连接和操作系统的资源使用进行了优化，而且这些协议也是大家广泛使用的成熟协议。

Part 03

第 3 篇
数据库和新技术

◎ 第 8 章　云原生数据库
◎ 第 9 章　新技术的机遇

第 8 章

云原生数据库

8.1 Greenplum 的云原生尝试

Greenplum 的创始人是斯科特·亚拉（Scott Yara）和卢克·洛纳根（Luke Lonergan），他们两家公司合并后形成初创公司。通过一轮轮的风投，Greenplum 公司的规模越来越大。

最早的时候 Greenplum 被设计成能在很多平台上面使用和运行，如 Solaris、Windows、UNIX 等。Greenplum 公司在被 EMC 公司收购以后，Greenplum 被集成到 EMC 的硬件系统里面，也就是一体机，这和 Teradata 公司的产品有点儿类似。这样的机柜叫作 DCA，DCA 是 EMC 公司的硬件产品，也在不断地升级。笔者进入 Pivotal 公司时，DCA 的版本还是 1，当 Pivotal 公司从 EMC 公司里面分拆出来以后，DCA 的版本已经到 3 了。

Pivotal 公司除有 Greenplum 以外，还有其他几个产品，如 GemFire、Pivotal Cloud Foundry、Spring，其中 Pivotal Cloud Foundry（PCF）是一个平台即服务（platform as a service，PaaS）产品。它的设计理念是开发并运维，就是开发测试部署一体化，用持续集成/持续部署工具把整个过程串起来，实际的应用是部署在容器里的。Pivotal 提出了一种容器叫作 garden，PCF 产品在今天来看就是 Kubernetes 的竞争对手，最后 PCF 被 VMware 公司放弃开发。

PCF 底层有一个关键性的部署工具叫作 Bosh，该工具是 PCF 的根基，Greenplum 的第一次上云尝试就是和 PCF 集成。Greenplum 的工程师做了基于 Bosh 的发布版本，Bosh 部署出来的虚拟机，其底层操作系统是 Ubuntu，Greenplum 也就被移植到 Ubuntu 上。这样用户就能通过 PaaS 平台 PCF 来部署 Greenplum。PCF 的底层基础设施即服务（infrastructure as a service，IaaS）不是固定的，可以是 vSphere、AWS、GCP、Azure。

PCF 是做网站应用开发的。通常的网站应用有前端、中间层、数据库，类似这样的功能组件运行在 PCF 上面没有太大问题，都用 HTTP、WebSocket 或者上层协议通信。但是 Greenplum 是一个 OLAP 型数据库，底层依赖 TCP 或 UDP 通信，对性能要求高。比如，通信协议之间超时机制的调校都是按照局域网来配置的，所以这次上云尝试的结果肯定不乐观。这算是

Greenplum 的云原生首次尝试。

笔者前面也提到，Kubernetes 将竞争对手打败后成为容器编排技术的标准。PCF 的市场也受到了影响，Pivotal 公司被迫做了一个产品，叫作 Pivotal Container Service（PKS），这个产品把 Kubernetes 放进了 PCF 里面。Kubernetes 开始是使用 Docker 作为容器的，所以可以运行在任何操作系统上。Pivotal 公司的工程师在自己研发的 Bosh 管理的 Ubuntu 上面给 Kubernetes 做了模板，以运行 Kubernetes 的各个组件，这个模板就是 PKS。

Greenplum 的工程师开始尝试把 Greenplum 运行在 PKS 上面。这样就有了第二次上云尝试，即在 K8S 上运行 Greenplum，也叫作 GP4K。这次尝试的结果也是性能不佳，最后 Pivotal 公司放弃了这个项目。现在的 VMware 官网上面仍然有 GP4K 的项目介绍，但基本没有客户使用。

云计算的浪潮越来越猛烈，Greenplum 的工程师还尝试了直接在公有云上面部署，比如 AWS。但运行效果同样不好，原因还是一样的，Greenplum 集群里面的性能调校都是按照高速局域网来设置的，而且分布式系统的通信方式和内部逻辑也很复杂，所以 Greenplum 直接部署到公有云也存在很多问题。

公有云的网络都是虚拟化网络，这对于像 Interconnect 这种基于 UDP 实现通信的模块是一个很大的考验。Greenplum 还出过一个产品，叫作 Greenplum Building Blocks，缩写是 GBB。这个产品是以前 DCA 产品的升级产品，用 Dell 公司的硬件和 Greenplum 结合以构成一体机。

现在 Pivotal 公司被 VMware 公司收购，Greenplum 也成为 VMware Tanzu 产品线的一个产品。VMware 公司是传统的虚拟化和私有云公司，所以在这样的情况下又开始部署 Greenplum on vSphere。落实到集群的部署方式，有 VMware 的 ESXi 作为操作系统，有 vCenter 把多个 ESXi 集成到一起，有 NSX-T 做网络虚拟化，有 vSAN 做存储虚拟化。VMware 公司现在的战略是多云战略，也就是不断和公有云的厂商合作，拓展 vSphere 的功能。

希望 Greenplum 能在 VMware 真正上云，变成云原生数据库。

8.2　VMware 多云战略和 Greenplum

在 VMworld 2021 大会上，VMware 正式公布了全新战略：通过推出 VMware 跨云服务（cross-cloud services）来帮助客户进入"多云时代"。这套集成服务将为数字化企业提供更快、更智能的云路径，有助于客户在任意云上自由灵活构建、运行和保护应用。

这是 VMware 作为私有云的"霸主"所提出的战略。在这样的战略下，Greenplum 会发展成什么样呢？在 VMware 的 Greenplum 产品的主页上能看到产品的介绍——"根据您选择的条件和时限，将您的分析工作负载迁移到您选择的云平台。在 Amazon Web Services（AWS）、Microsoft Azure、Google Cloud Platform（GCP）或私有云中实例化和维护新项目。根据易用度、性能和总体拥有成本为每个项目和工作负载自由选择最合适的云平台。真正的多云平台（在每个环境中都是相同的软件），使您能够在任意位置运行分析。"

Greenplum 的模板在各大公有云平台的模板市场（marketplace）里面都有，客户可以自行部署安装。开源社区方面，Greenplum 从版本 5 到版本 6，融汇了很多来自 PostgreSQL 的功能，Greenplum 的开发策略是从上游的 PostgreSQL 获取新功能，然后合并到 Greenplum 里。所以随着 PostgreSQL 越来越强大，相信 Greenplum 也会变得越来越强大。

8.3　HAWQ 项目介绍

HAWQ 简单来说是一个在 Hadoop 上运行 Greenplum 的项目，把 Greenplum 的底层存储从磁盘改成了 HDFS。与 HAWQ 类似的项目有 Hive、Impala 等。HAWQ 以前叫作 Pivotal HAWQ，是由 Pivotal 公司主导研发和维护的，也开源到了 Apache 社区。但是因为 Pivotal 公司的变动，其停止了对 HAWQ 以及 Hadoop 产品的继续开发。现在 HAWQ 已经变成 Apache 顶级项目，主要的开发工作由 Apache 社区维护。能够把 Greenplum 的底层存储从磁盘移植到 HDFS 上，完全依赖 libhdfs3 这个 C++ 函数库。这个函数库对上接收 Greenplum 的数据请求，对下扮演 HDFS 客户端的角色，去访问 HDFS 的集群以获取数据。

图 8-1 所示是 HAWQ 架构示意。

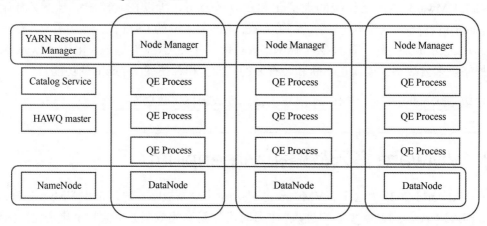

图 8-1　HAWQ 架构示意

使用过 HDFS 的读者应该知道，从 HDFS 读取数据的过程是，HDFS 客户端先去 NameNode 上面获取 DataNode 和文件信息，然后直接访问 DataNode 获取块数据。这个过程的通信周期较长，而且因为是 MPP 数据库，访问数据量一般都不小，这样的数据访问路径比 Greenplum

的肯定长很多。所以，HAWQ 项目丢弃了 Greenplum 作为 MPP 数据库的一个很重要的特点，就是按键值分布式存储。Greenplum 的数据是按照分布策略存在于不同的 segment 实例上的，但是 HAWQ 的数据都存储在 HDFS 上。Greenplum 这样的特点在优化器计算执行计划时非常有用，执行计划的好坏与数据的分布策略关系紧密。HAWQ 放弃了这个特点，然而获得的就是 segment 实例的无状态。这一点也很好理解，Greenplum 的 segment 实例是有状态的，分为 primary 和 mirror 两种角色，primary 和 mirror 长期保持同步。同步不只是数据的同步，还有事务日志的同步。所以，Greenplum 存在一个致命的问题——双宕（double fault），双宕也就是 primary 角色宕机时，mirror 角色被 master 实例委任为新的 primary 角色，这时候旧的 primary 角色还没恢复，如果新 primary 角色也宕机，整个 Greenplum 集群就不能用了。

HAWQ 的 segment 实例没有角色之分，这方面的复杂度问题被 HDFS 解决了。HAWQ 的 segment 实例允许宕机，假设 100 个 segment 实例最后只剩下 1 个 segment 实例，理论上也不会出问题，这就是 HAWQ 产品的核心价值。

凡事有得必有失，任何要做强一致性的系统，其性能必然受到影响，这也是 CAP 理论的论点。HAWQ 牺牲了性能而获得了强一致性。Greenplum 牺牲了强一致性，而获取了性能。读者如果对 HAWQ 项目有兴趣，可以去 Apache HAWQ 的社区获取信息，现在它已经更新到 3.0 版本。

第 9 章

新技术的机遇

9.1 NVM 存储技术

NVM 是 non-volatile memory（非易失性存储器）的首字母缩写。这是一种存储技术，具有快速读取和快速写入的特点，具有持久特性和 SSD 的大存储容量。市场上，英特尔公司已经生产出商业化的 NVM 产品。

数据库管理系统有两种类型，即基于磁盘的关系数据库、基于内存的数据库。基于磁盘的关系数据库，在硬件方面由内存和磁盘（或者 SSD）组成，内存作为缓存，磁盘用于持久存储。基于内存的数据库，其所有数据都存在内存里，但是因为内存的易失性，系统发生崩溃后数据会丢失。

NVM 比 SSD 写速度快一个数量级，而且随机写和顺序写的速度差别不大。仅仅这个特点，就能够影响传统的数据库系统设计。数据库管理系统的缓存管理在 NVM 这里就不是必要的了，不需要从磁盘复制数据到内存，直接从 NVM 里面读取数据即可。同时，前面章节介绍的 WAL，也不是必需的，可以被直接写入 NVM。当然，这些功能需要支持 NVM 的操作系统。操作系统仍然把文件当成操作对象，对 NVM 的读写操作需要专门的文件系统。

目前，由于 NVM 的价格比较昂贵，不适合大批量使用，所以有一种趋势就是在缓存系统里面使用 NVM，比如 Redis 或者 Memcache 这样的缓存系统。与内存系统比较，NVM 能提供更可靠的存储；与磁盘比较，NVM 能提供更快速的存储。在进行新的数据库管理系统架构设计时，也可以借鉴这样的设计方式，如图 9-1 所示。

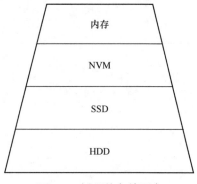

图 9-1 新硬件存储层次

著名的数据库系统的学者乔伊·阿鲁拉杰（Joy Arulraj）和安德鲁·帕夫洛（Andrew Pavlo）写了一本关于 NVM 和数据库系统的书 *Non-Volatile Memory Database Management Systems*，感兴趣的读者可以查阅。

9.2 虚拟化技术

虚拟化技术是云计算技术的基石，计算虚拟化、存储虚拟化和网络虚拟化是虚拟化的 3 个大方向。虚拟化技术总体来说是对各种资源的重新调配，打破传统计算机系统里面 CPU、内存、磁盘和网络的统一配置格局。在各种资源被重新调配以后，计算和存储分离、网络动态适配、集中和高可用的存储、软件定义数据中心等新的技术需求成为可能。

图 9-2 所示是著名的云原生数据库公司 Snowflake 的软件架构。Snowflake 没有自己的数据中心，它的所有模块都是构建在公有云平台上的。

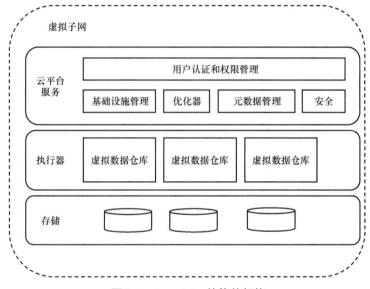

图 9-2　Snowflake 的软件架构

Snowflake 将存储和计算通过云平台（AWS、GCP、Azure）分离开，同样使用的是 MPP 架构。云平台公司在底层对计算、网络和存储都进行了虚拟化处理，在一定程度上保证了 CAP 理论里面的高可用性和一致性。除了计算和存储，Snowflake 还有管理模块。管理模块的功能比较多，包括优化器、元数据管理、基础设施管理、安全等。实际上是把一个数据库管理系统的功能模块拆解开，然后用虚拟化或者云计算技术进行统一的封装和处理。

如图 9-3 所示，以存储为例，AWS S3、GCP Storage、Azure Blob Storage 被用来存储表数据，表被水平分成若干个大文件，文件内部使用类似 PAX 的存储格式，这种存储格式来自论文[1] "Weaving Relations for Cache Performance"。S3 不但被用来存储表数据，还被用来

---

[1] AILAMAKI A, DEWITT D J, HILL M D, et al. Weaving relations for cache performance [J]. VLDB '01: Proceedings of the 27th International Conference on Very Large Data Bases, 2001: 169-180.

存储查询过程中的临时文件。同时，在计算节点上也有数据的缓存系统，如果查询能命中本地缓存，效率就会更高。

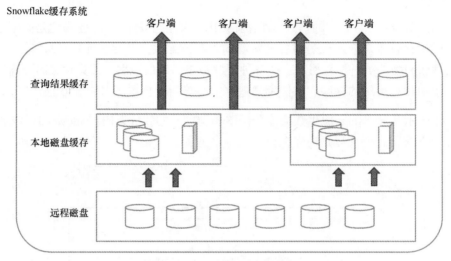

图 9-3　Snowflake 缓存系统

"存算分离"必然会带来数据访问方面的延迟，Snowflake 相应地在数据缓存方面做了很多优化设计。虚拟机的本地缓存能被所有分配在这台虚拟机上的查询访问。同时，执行引擎在不同层级算子之间交互数据的时候，也会根据缓存做优化处理。

除 Snowflake 以外，云计算厂商们也在做自己的产品，比如 AWS Redshift、Google BigQuery、Microsoft Azure Data Warehouse。

9.3　容器技术

虚拟化和云计算技术为数据库管理系统上云奠定了基础。那么，现在正流行的容器技术和编排技术也会给数据库管理系统带来更多的机遇吗？近年来，以 Kubernetes 为代表的容器编排技术席卷整个云计算市场，无论是公有云平台还是私有云平台都把 Kubernetes 作为既定的目标系统来集成。Kubernetes 是一个编排调度系统，底层的功能需要借用 Docker、containerd 或者其他的容器技术来实现。在前面章节里，我们讨论过 Greenplum 的云原生尝试，容器技术和 Greenplum 多次尝试集成，但效果并不理想。本质上来说，容器技术是一种对资源的访问控制技术，数据库管理系统由于对磁盘、网络、内存、CPU 的高度依赖性，在资源使用方面会产生令人意想不到的结果。就 PostgreSQL/Greenplum 来说，它们目前还不能和容器技术很好地集成。如果容器技术或者数据库在将来获得了根本性的变革，那么这个发展方向还是很值得期待的。